全国高等院校环境设计专业规划教材

空间环境系统化设计

设计案例解码

许亮 —— 主编

许亮 韦爽真 黄超 杨杨 —— 编著

Environment Space Systematization Design
—— Design Case Analysis

U0240752

西南师范大学出版社
国家一级出版社 全国百佳图书出版单位

图书在版编目（CIP）数据

空间环境系统化设计：设计案例解码 / 许亮等编著
. — 2 版. — 重庆 : 西南师范大学出版社,2020.9
全国高等院校环境设计专业规划教材
ISBN 978-7-5697-0086-2

Ⅰ. ①空… Ⅱ. ①许… Ⅲ. ①建筑设计－环境设计－
高等学校－教材 Ⅳ. ① TU-856

中国版本图书馆 CIP 数据核字（2019）第 280670 号

全国高等院校环境设计专业规划教材

空间环境系统化设计 —— 设计案例解码

KONGJIAN HUANJING XITONGHUA SHEJI——SHEJI ANLI JIEMA

主　　编：许亮
编　　著：许亮　韦爽真　黄超　杨杨

责任编辑：鲁妍妍
书籍设计：UFO_ 鲁明静　汤妮
出版发行：西南师范大学出版社
排　　版：张　艳
地　　址：重庆市北碚区天生路 2 号
邮　　编：400715
网　　址：http://www.xscbs.com
电　　话：023-68860895
传　　真：023-68208984
经　　销：新华书店
印　　刷：重庆康豪彩印有限公司

幅面尺寸：210mm×285mm　　　印　　张：8.75　　　字　　数：256 千字
版　　次：2020 年 11 月 第 2 版　　　印　　次：2020 年 11 月 第 1 次印刷
书　　号：ISBN 978-7-5697-0086-2
定　　价：58.00 元

本书如有印装质量问题，请与我社读者服务部联系更换。
读者服务部电话：023-68252471
市场营销部电话：023-68868624 68253705

西南师范大学出版社美术分社欢迎赐稿，出版教材及学术著作等。
美术分社电话:(023)68254657　68254107

序

郝大鹏

环境艺术设计市场和教育在内地已经喧嚣热闹了多年，时代要求我们教育工作者本着认真负责的态度，沉淀出理性的专业梳理。面对一届届跨入这个行业的学生，给出较为全面系统的答案，本系列教材就是针对环境艺术专业的学生而编著的。

编著这套与课程相对应的系列教材是时代的要求，是发展的机遇，也是对本学科走向更为全面、系统的挑战。

它是时代的要求。随着经济建设全面快速的发展，环境艺术设计在市场实践中一直是设计领域的活跃分子，创造着新的经济增长点，提供着众多的就业机会，广大从业人员、自学者、学生亟待一套理论分析与实践操作相统一的、可读性强、针对性强的教材。

它是发展的机遇。大学教育走向全面的开放，从精英教育向平民教育的转变使得更为广阔的生源进到大学，学生更渴求有一套适合自身发展、深入浅出并且与本专业的课程能一一对应的教材。

它也是面向学科的挑战。环境艺术设计的教学与建筑、规划等不同的是它更具备整体性、时代性和交叉性，需要不断地总结与探索。经过二十多年的积累，学科发展要求走向更为系统、稳定的阶段，这套教材的出版，对这一要求无疑是有积极的推动作用的。

因此，本系列教材根据教学的实际需要，同时针对教材市场的各种需求，具备以下的共性特点：

1. 注重体现教学的方法和理念，对学生实际操作能力的培养有明确的指导意义，并且体现一定的教学程序，使之能作为教学备课和评估的重要依据。从培养学生能力的角度分为理论类、方法类、技能类三个部分，细致地讲解环境艺术设计学科各个层面的教学内容。

2. 紧扣环境艺术设计专业的教学内容，充分发挥作者在此领域的专长与学识。在写作体例上，一方面清楚细致地讲解每一个知识点、运用范围及传承与衔接；另一方面又展示教学的内容，学生的领受进度。形成严谨、缜密而又深入浅出、生动的文本资料，成为在教材图书市场上与学科发展紧密结合、与教学进度紧密结合的范例，成为覆盖面广、参考价值高的第一手专业工具书与参考书。

3. 每一本书都与设置的课程相对应，分工较细、专业性强，体现了编著者较高的学识与修养。插图精美、说明图例丰富、信息量大。

最后，我们期待着这套凝结着众多专业教师和专业人士丰富教学经验与专业操守的教材能带给读者专业上的帮助。也感谢西南师范大学出版社的全体同人为本套图书的顺利出版所付出的辛勤劳动，预祝本套教材取得成功！

前言

《空间环境系统化设计》意在通过科学的系统观与方法论来指导学生学习环境设计理论，并进行设计实践。经过十多年的推广实践，读者给本书提出了很多宝贵的意见。同时，在获得"'十二五'普通高等教育本科国家级规划教材"的殊荣下，本书更需要与时俱进，及时进行案例更新，以便更真实地反映多元的设计思维与实践。

本书是一本既能对环境设计专业进行有效的价值判断，从而整理、挖掘出关于空间环境设计与系统科学方面相关联、相融通的道理和方法，又能对设计创意做一些储备以期更好地启发当代设计师的创造性潜能的方法类专业书。

环境艺术、系统科学、案例教学是时代热点，也是本书的三个支点。它以现代系统论为基础，重点解析空间设计的整体性，注重设计动态和过程、注重过程中的质变和层次、重视人为事物和设计方法、关注和搜寻多立体系统；同时以案例教学为依托，通过典型案例解读、理论思考与方法总结相结合的研究方式来汇聚理论支撑，这三者亦是本书的基本指导思想；多角度探讨设计热点，多层次分析问题核心，多案例介绍设计方法，既是我们的研究方法，也是我们从长期的设计实践与设计教育中感悟出的一些道理与经验总结。正所谓为设计而探索科学原理的意义，不在于我们可能把设计简化成为某种科学，而在于把艺术和科学中的关联知识有机整合、学科自系统和外系统融通，孕育生辉，丰富学科内涵。

设计发展到当代，思维方式正转向以思维创新为主，强调综合性、多样性和开放性，特别是综合集成的思维方式。由此，时代的发展、社会的进步、城市的建构、消费的行为等各个领域出现了关注系统化、整体化的能动趋势。这一趋势在环境艺术语言中亦有所呈现。如今环境设计已经成为科学技术与人文精神之间一个基本和必要的链条，其内涵也被不断地拓展，它已经不仅仅是一个空间功能与形式协调统一的问题，而是对于人的存在和生活方式、生活价值以及生活哲学等社会意识形态问题的认识，成为人们必须关注的问题。这种定义范畴的扩展使环境设计的专业内涵和外延都变得日益复杂，要求多学科的专业知识以交叉、整合、渗透的培养方式即通过提升学生的观察能力、解析能力、综合比较能力、系统处理能力和创造评价能力等综合素质来拓展环境设计的实践空间。

这次再版，本书主要进行了三个方面的更新：一是面向未来，纳入新兴的设计领域——智能化设计，用系统观解释如何去设计应用；二是面向教学，更换了第四章的设计案例，将其纳入更具操作性的系统化案例教学中，展现从要素提取到案例储存的逻辑关系；三是适当地调整教材结构，使本书内容分布更加合理。

感谢为本书贡献智慧的郝大鹏教授、编委专家、西南师范大学出版社各位编辑，以及本书所列举的优秀环境系统化设计作品的作者们。回顾编著历程，每每与共同工作的团队在工作室展开思维碰撞与交织时，笔者仍无法抑制来自内心的着迷，是本书激发了我们从别开生面的角度解析"设计、系统、案例"以及踊跃思辨地表达有价值的观点并作出正确的判断。这点点滴滴的概念酝酿与思路汇聚是本书得以完成的基础，在此向坚守持恒的朋友们致以诚挚的谢意。

"空间环境系统化设计"是环境设计专业的主干课程。相较于其他类型的空间设计的经验传授，本书具有抽象概括的特点，同时更具有应用性与普适性，适合于本专业本科高年级学生、研究生与青年教师阅读。本书是对"空间环境系统化设计"课程探索的一次尝试，其内容结构都有待扩展出更多理论空间。但为了环境设计专业的持续健康发展，不揣冒昧，抛砖引玉。书中纰漏或谬误尚祈读者批评指正。

许亮 韦爽真

2019 年 11 月于四川美术学院

目录

1

空间环境系统化设计概述

第一节　系统与系统化

一、系统

二、系统化

第二节　系统化原则与设计

一、系统化原则

二、系统化设计

第三节　空间环境系统化设计理念的形成与应用

一、萌芽——古希腊哲学时代

二、进步——文艺复兴时期

三、形成与应用——工业化时代以来

空间环境系统化设计概述

人类生存的世界是一个四维的空间环境。它为人类提供了必要的生产生活条件和丰富的物质资源。随着人们生活水平的提高及对生活品质的不断追求，其对赖以生存的空间环境有了越来越多的需求，由此不断地对空间环境进行各式各样创造性的改造。这种创造性的改造即是空间环境设计。

空间环境设计是设计艺术学科的重要组成部分，它是在符合设计目的的情况下，用计划、构思、策划等创作形式，对空间环境存在的问题以及解决问题的方式、方法，通过视觉的有效表现，落实到空间环境实体的创造性活动的过程。这是具有目的性、现实性的创造过程：计划、构思的形成—利用视觉方式的有效传达—应用实施的完整统一。（图1-1）

现代空间环境设计以现代社会、现代人的生活为基点，是对空间环境科学性的合理规划，其中诸多现实因素决定了空间环境设计的趋向和发展。如现代社会的各项标准、经济发展和市场的供需状况、消费形态的特征差异、现代人生理和心理的需求、现代科技水平的发展、生产方式及条件的优化等，这些都对空间环境设计造成了直接或间接的影响。现代社会处于一个数字化、信息化的时代，现代技术的进步、迅捷高速的效率使得视觉传达的表达方式变得复杂、多样。而随着生产技术的改良革新，又带来了设计实施的现实变化。空间环境围绕现代人、现代社会展开了对物质文化和精神文化的系统化设计活动。今天的设计已向复杂的系统形态方向发展，各个环节错综关联，呈现出纵横交错的内在特征。因此，将空间环境设计纳入系统思维和系统操作的过程，从系统科学的角度和高度进行梳理、概括及深化，既是社会和科技发展的要求，也是空间环境设计自身发展的迫切需求。

以系统科学的原理探索空间环境设计，其意义是把设计和系统科学的相关知识合理地联系并综合起来，运用系统科学的原理对空间环境设计做出科学的阐释，而不是把设计简单地归纳、概括为系统科学。随着20世纪中期现代系统科学的兴起，人类对于物质世界系统性、复杂性的认识得到了延伸。在现代信息技术的推动下，系统科学的出现成为人类社会、经济和思想发生深刻变革的重要体现。系统科学涉及众多研究领域，它在自然科学与社会科学的大量实际经验和成果的基础之上，集中体现了人们观察和研究客观事物的方法，从而明确解决问题的思路和理念，强调具体实践意义的步骤和操作方法，提高人们做事的效率。它的应用领域广阔，具有鲜明的实践性。因此，系统科学也必然是现代社会空间环境设计的重要组成部分，设计管理者和设计师应熟练掌握其设计理念。（表1-1）

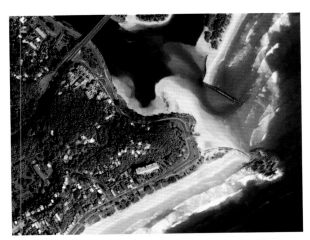

图1-1 澳大利亚大堡礁——人与自然和谐的空间环境设计

表1-1 城市空间环境的系统构筑

基本消费行为		相应城市空间环境构筑
人	吃	食品市场及超市、各类餐厅等
	穿	各类服装商店、服装批发市场、购物区等
	住	居住小区、宾馆、各类公寓等
	行	机场、港口、火车站、地铁站、汽车站等
	用	百货商店及超市、学校、医院、写字间等
	娱	广场、电影院、美术馆、体育馆、酒吧等

第一节　系统与系统化

一、系统

1．系统的基本概念

世界因为有多如泉涌的信息、能量和材料而生机勃勃。这些信息、能量和材料相互联系，使世界成为一个巨大的网络系统。系统指的是有着连属关系的所有要素的有机统一，各组成要素之间相互关联、相互作用、相互制约，具有一定的功能。(图1-2)

系统思想源远流长，人们对不同发展阶段的系统概念做了不同的定义。系统的英文单词"system"源于古希腊语，是部分组成整体的意思。中文把"system"解释为系统、体系、体制、制度、方式、秩序、规律等。系统发展为科学的系统论学说，是由理论生物学家贝塔朗菲创立的。系统论发展的最初阶段是一般系统论，它将系统定义为：由若干要素以一定结构形式联结构成的具有某种功能的有机整体。几十年来，系统论在控制论、信息论、运筹学基础上，已从一般系统论发展成为现代系统科学。现代系统科学作为一门基础学科，将系统定义为：由一些元素（子系统、部件）相互作用并组成

的具有一定功能的整体。显而易见，系统一词所指的不是一个独立的事物，而是一个功能的、组织的或可调节的有机关联体。

2．系统的发展

系统的研究离不开对复杂性的关注，人类关于系统和复杂性的思考可以追溯到两千多年前，许多中外学者从不同的角度，以不同的方式对系统和事物的复杂性进行了研究和阐释。如老子的"道生一，一生二，二生三，三生万物"，表达了一种由简单到复杂的发展观；亚里士多德著名的"总体大于它的各部分之和"，展现了朴素的系统思想观；牛顿建立的完整的力学理论体系，把天地万物的运动规律概括在一个严密的统一理论中；达尔文的"物竞天择，适者生存"观点论述了物种形成的系统机制……20世纪30年代，贝塔朗菲的一般系统论使系统的思想上升发展为科学的学说理论，促进了现代意义下系统科学的建立。20世纪40年代，维纳的控制论和香农的信息论代表了定量地、具体地研究复杂系统的开始。一般系统论、控制论、信息论的出现，标志着现代系统科学开始成为一门独立学科，是现代系统科学的真正起点。随后的几十年，系统科学无论在理念的深度方面，还是在技术与方法的广度方面，其研究都取得了突破性的进展，一般系统论发展成为包含系统哲学或方法论、系统理论、系统工程三个层次的现代系统科学。(图1-3)

现代系统科学受益于自然科学和社会科学，又对当代自然科学和社会科学的发展产生了深远的影响。它把已有学科分支中的知识技术有效地组织

图1-2　瀑布水系与森林相互关联和作用，缔造了优美的自然环境系统

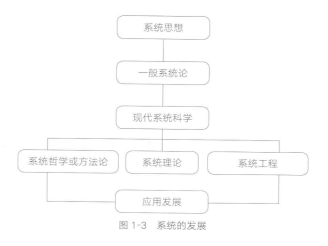

图1-3　系统的发展

起来，促进了多学科、边缘学科、交叉学科的迅速发展，并促使它们发挥出更大的功效。现代系统科学以系统的思维全面认识整体与部分、结构与功能、系统与环境之间的有机联系，使人们从对经济效益这一单方面的追求转向了对社会、经济、环境综合效益的整体追求。现代系统科学的重大影响毫无例外地渗透到了设计学科，既丰富了当代设计的内涵——用系统概念指导设计及设计的科学实施，又拓展了当代设计研究的外延——与设计有一定联系而又相互制约的相关学科。

3．系统的特点

通过系统的定义我们可以看到，系统具有多元性、相关性、整体性、层次性、稳定性、适应性、历时性等特点。（图1-4）

（1）系统的多元性：存在着差异性的多个事物，在一定条件下相互联系整合成为一个系统。这个系统是多样性的统一、差异性的统一。

（2）系统的相关性：系统中所有要素都具有内在相关性，并非是完全孤立的组合构成，它们在系统特有的、有别于其他系统的方式中彼此关联、相互依存、相互作用和相互制约。

（3）系统的整体性：系统最基本的特点就是整体性。系统是一个有机整体，具有整体的结构、整体的特征、整体的状态、整体的行为、整体的功能等。系统所表现出来的整体性不能简单地定义为组成它的各要素所呈现的结构、特征、功能等的总和。

同时，组成系统的各要素在系统整体中呈现的特征、功能也有异于它们在孤立状态时的特征和功能。

（4）系统的层次性：系统的层次性表现为系统中的任何组成要素都可以单独地成为一个系统来进行研究，同时由它们所构成的整个系统又是更大系统的一个组成部分。

（5）系统的稳定性和适应性：在系统的这两个特点中，更为突出的是适应性。在变化涨落作用下，系统的结构和功能表现出相对恒定，即稳定性。而一旦环境发生变化，系统则随之改变自身的结构和功能，即适应性。

（6）系统的历时性：系统的各组成要素及相互间的作用关系会随着时间的推移而变化，当这种变化由量的积累上升到质的飞跃，系统就会推陈出新，向前发展。

4．系统的三要素

任何系统都包含要素、结构和功能，三者也是系统的存在方式和属性表现。（图1-5）

（1）要素。要素是相对于所组成的系统而言的，它们是相对存在的。要素是系统的组成部分，离开了要素，系统也就无从谈起；系统是由相互联系和相互作用的诸要素构成的统一整体，各构成要素相互关联而又各不相同。

（2）结构。结构是系统内部所有要素相互关系综合反映后所呈现出来的一种状态，是保证系统整体性和具有系统特定性质、功能的内在依据。系统的结构通常具有以下几方面的特征：整体性、有序性、稳定性。

①整体性：结构削弱系统内部各要素孤立存在时的性质和功能，而强化要素之间相互联系时的性质和功能，呈现出有机的整体性。

②有序性：系统的结构在时间和空间上均具有

图1-4 系统的特点

图1-5 系统的三要素

一定的秩序和规律，这些秩序和规律构成了任何系统区别于其他系统的特征。

③稳定性：结构的稳定性并不是固定不变的，而是一种动态变化中的平衡。系统结构的整体性和有序性会使所有要素间的关系产生惯性，即显现出系统的稳定性。

（3）功能。功能是系统与系统之外所有事物或存在相互联系和作用过程的秩序及能力体现，是系统存在目的的展现。我们把系统之外的所有存在统称为系统的外部环境，系统与它的外部环境是根据时间、空间及所研究问题的范围和目的来划分的，是一对相对存在的概念：二者相互联系、相互影响、相互作用，外部环境是系统存在与演化的必要条件，外部环境的特点及性质的变化会引起系统性质及功能的变化；系统作为外部环境这个更大系统的要素，它的性质、功能的变化也会引起外部环境的相应变化。

系统功能体现了系统与外部环境之间物质、能量和信息输入与输出的变换关系。功能的发挥，既受外部环境变化的制约，又受系统内部结构的制约。

5．系统的分类

研究问题的方法不同，导致了系统分类存在差异。（表1-2）

表1-2 系统分类

分类标准	系统类别
系统规模	小系统、大系统、巨系统
系统的性质和特点	自然系统、人工系统
系统结构繁杂程度	简单系统、复杂系统
系统与环境的关系	孤立系统、开放系统、封闭系统
系统内子系统间的相互关系	线性系统、非线性系统
系统的状态与时间的关系	静态系统、动态系统
系统演化规律的特点	确定性系统、随机性系统

二、系统化

1．系统化的基本概念

系统化是指把系统科学的原理和方法提炼为一种具有普遍指导意义和操作实践价值的方法规律，运用于客观实在的具体系统中，围绕具体系统的明确目标，考察该系统存在的客观外在环境，以及研究该系统的要素、结构、层次和功能，并展开整体科学的系统运作。简言之，系统化就是通过系统分析、系统设计、系统评价、系统综合，以达到物尽其用的目的。今天，系统化的提倡是科技发展的必然结果。一方面，伴随人类技术发展的能源危机、环境污染、生态破坏等问题的出现，迫使以单一技术为中心的认识论转向探讨系统的综合效益；另一方面，要使高度发展的单一学科发挥更大的功效，以便更好地为人类服务，也离不开对知识、技术的系统综合。

2．系统化的特点

系统化是创造性的思维方法，是优化的组织管理技术，也是现代科学技术的大综合。系统化具有以下主要特点：整体性、确定性、关联性、逻辑性、持续性、动态性和趋同性。（图1-6）

（1）整体性。系统化是指导我们整体地去观察、研究，并主动地改造系统的方法和技术。整体性是系统化的首要特点，是系统化的基本前提。

（2）确定性。系统化让系统的目标确定，系统内外环境关系明确；具体实施方法和步骤明确；反应、监督、评价等一系列的机制和流程明确，从而保证系统达到预期的功能发挥。

（3）关联性。系统化的整体性特点引出了系统化的关联性。关联是系统"内"与"外"双重环境的关

图1-6 系统化的特点

联，也是系统内外环境各自内部组成要素等的关联。

（4）逻辑性。即有条理、有层次、有秩序。系统化是一种高效而科学合理的思维方法。它把复杂问题按各类标准分主次地进行清理，再归纳整理统一运筹，显示出了脉络清晰的系统逻辑。

（5）持续性。系统化的活动是一个周期规划的过程。无论周期长短，在整个规划过程中都表现出了系统化作用力的持续性。

（6）动态性。系统化永远处于一个不断发展与完善的过程之中。尽管在某个时期内会处于相对静止的缓慢变化状态，但它的本质是一个开放式的、动态的体系。

（7）趋同性。趋同性不能狭义地理解为运用系统化后都能达到预期的目的、效果。系统化的趋同性是指解决复杂问题所采用的相同的系统化的指导方针，站在系统的高度，整体全面地把握事物，使其用相同的方法去解决问题。

第二节 系统化原则与设计

一、系统化原则

设计是一个广泛的概念，人类一切有目的的活动几乎都可以涵盖在该领域之中，空间环境设计是设计专业的一个方向，与其他设计门类相比，其学科交叉范围更广，是一个自成体系的设计门类。

在近代科学的长期熏陶下，一些设计师往往只是把具体的技术和某一领域的知识当作实在的本领，而忽略了做事情、想问题的普遍方法，忽略了系统化的、协调的理念和方法。一种潜在的观念是，只要各部分细节做好了，自然就能顺利达到预期的目标了。这种传统的设计理念和方法仅仅是将空间分解为许多独立的且互不干涉的部分进行研究，而没有对其进行系统的分析。随着社会的发展和信息化时代的到来，人类能力的进步、设计概念和设计领域的不断扩大以及系统化概念的逐步强化，仅靠经验指导设计活动的方法已无法适应时代发展的要求，空间环境设计需要以系统化的原则来指导设计活动，需要将空间作为一个整体的系统加以认知和研究。

系统化设计原则即是针对空间环境设计中出现的种种问题所找到的一种可操作的解决途径及总结出的可行性的指导思想。它要求参与设计的各环节之间通过沟通、对话来协调矛盾和利益冲突，并由此而构成系统体系。空间环境设计的系统化原则有以下内容：

1．人性化原则

空间环境的系统化原则是在多种因素共存互动的过程中产生的。它将自然环境、社会环境、人文环境进行整合，使其成为一个服务于人的、综合的、动态弹性的空间环境。空间环境的形成和存在的最终目的是为人提供生存和活动的场所。人是环境的主体，环境设计的中心是人。在这个复杂而持久的设计过程中，空间环境设计必须以"人"为中心，对各要素进行协调，将整个过程纳入"系统"领域，以保证人们在空间中获得生理舒适感，同时也获得心理上的幸福感和归属感，从而最终实现空间环境的系统化发展。（图1-7）

图1-7 公园作为人们身心再生的场所，充分体现了"人性化"的思想

人性化、舒适、宜人是高质量空间环境最重要的要求。具体表现为：

（1）满足人的使用功能的要求——适用为人。系统化设计原则要求空间环境设计将多种功能组合在一起，以满足人们各种需要。

（2）满足人们的精神需求——创造宜人的环境和场所。宜人，既意味着优美，又包含着功能和形式两方面的完美统一。人的精神需求正是依靠这种宜人的空间氛围的营造来满足的。

（3）体现"人的尺度"——亲切近人。"尺度"存在于环境空间的每个部位。"人性"的空间是体现"人情味"的空间，是具有"人的尺度"的空间。

（4）动态的设计观念——人景交融。人既是空间的使用者，又是空间的观赏者，还是空间中一个动态的构成要素。设计必须体现空间环境中人与景的相互交融。

2．整体性原则

在系统化原则中，对一个事物形象的把握，一般是通过对它整体效应的获得，而不会先去注意到事物的细节形式。人们对事物的认识过程也是从整体到局部，然后再回到整体。没有无局部的整体，也没有无整体的局部。若局部与整体无关，整体与局部脱节，整体与其他东西没有联系，只能是一堆废物。通俗地讲，整体可以理解为统一、和谐。

空间环境作为一个整体，是由许多具有不同功能的单元体组成的，每一种单元体在功能语意上都有一定的含义，这些众多的功能体系经过巧妙的衔接、组合，形成一个庞杂的体系——有机的整体，这就是环境的整体性。空间环境设计的立意、构思、风格和环境氛围的创造，都需要着眼于对环境整体性的考虑。(图1-8)

3．延续性原则

空间环境设计作为人类创造生活空间的活动，在尊重自然环境的前提下，还必须尊重和保护历史、人文环境，遵守客观规律，保持客观现状。

当今，人们注重将生活环境和审美意识相结合，并不断上升到对人文因素的关注。从传统文化、古典艺术中寻找积极的元素，兼收并蓄地方风格、历史文化、传统风格、现代技术等因素，讲究装饰性、象征性、隐喻性，以新的空间语言、新的表现形式丰富环境设计，同时在空间环境设计中更注重体现历史因素及文化的内涵。

例如：城市设计中历史文脉的延续，集中体现在三个方面：

（1）历史空间（市区、街区、地带、地段）。

（2）历史遗址（残址、原址）。

（3）历史建筑（完整的、残存的）。

对于不同的空间情况应采取不同的保护方法。

总之，历史、文化既是人类重要的遗产，也是空间环境设计创作上的物质要素和精神源泉。因

图1-8 蓝天、博物馆、广场、绿树的完美结合，相得益彰（查尔斯·安德森）

此，保护历史文化的遗存、遗迹，保持文化、历史的连贯性，是我们必须要遵守的一项重要的设计原则，也是系统化设计原则的重要体现。（图1-9、图1-10）

4．融合性原则

艺术与科学作为人类认识世界和改造世界的两个最强有力的手段，同样体现于空间环境设计中。

图 1-9　设计保留了场地的工业遗迹和海港特征，将 BP 公司遗址变成一个后工业风格的现代公园（悉尼 Mcgregor+partners 景观设计事务所）

图 1-10　将来自中国的乡土景观体验再现到异国他乡的"中国城公园"（北京土人景观与建筑规划设计研究院）

艺术与科学的结合要求在空间环境系统化设计中高度重视科学性和艺术性及其相互的融合，使其创造出具有视觉愉悦感和文化内涵的空间环境。使生活在现代社会高科技、快节奏中的人们，在心理上、精神上得到平衡。

5．生态性原则

系统化的设计包含动态和可持续发展的观点，要求设计既要考虑到发展更新，又要考虑到能源、环境、土地、生态等方面的可持续性。

"可持续发展"一词最早是在 20 世纪 80 年代中期由欧洲的一些发达国家提出来的，1989 年 5 月联合国环境规划署发布了《关于可持续发展的声明》，提出"可持续发展系指满足当前需要而又不削弱子孙后代满足其需要之能力的发展"。1993 年联合国教科文组织和国际建筑师协会共同召开了"为可持续的未来进行设计"的世界大会，其主题为：各类人为活动应重视有利于今后在生态、环境、能源、土地利用等方面的可持续发展。

因此，在空间环境的系统化设计中，必须要确立节能、充分节约与利用资源，力求表达绿色设计以及创造人与环境、人工环境与自然环境相协调的观点。（图 1-11、图 1-12）

6．协同性原则

在空间环境设计进一步系统化、专业化、规范化的同时，由于其主体庞杂、因素复杂，这就要求我们建立一个有设计师、社会学家、技术人员、政府和公众等共同参与的设计集群。不同的集群参与的层次和方式不同，例如：城市公共空间的设计师实际上包含城市规划师、城市设计师、建筑师、园林设计师等设计人员，他们各自承担着城市公共空间系统设计的一部分。

此外，也包括了公众的参与。公众参与以个体建议所结成的团体影响力来影响设计方向、方式、方法以及设计的阶段性成果。21 世纪是一个丰富多彩的时代，人们对自己的生存环境多了一份忧患意识，多了一些理性的思考，追求个性特色、追求审美意境、追求健康环境已成为大众的共识。由于空间环境的创造离不开使用者的切身需要，使用者的积极参与不仅体现了大众素质的提高，也使得设计师能在倾听使用者的想法和满足他们需求的过程中，把自己的设计构思与使用者进行沟通，达成共识，这将使设计的使用功能更具实效，更为完善，更贴近人们生活、贴近大众的需求。

图 1-11

图 1-12　最少量地改变原有地形和植被，以及历史遗留的人文遗迹，同时满足城市人的休闲活动需要（北京土人景观与建筑规划设计研究院）

7．效益性原则

系统化设计原则要求好的空间环境设计不但要构思好，而且还要效益好，这样才具备现实的可操作性。设计的效益应该体现为环境、社会、经济三个方面的统一。在市场经济条件下，如何筹资，如何使政府与开发企业合作，如何获得"双利"的结果等，都是系统化设计应该考虑的问题。

8．智能化原则

人工智能（Artificial Intelligence），英文缩写为 AI。它是研究、开发用于模拟、延伸和扩展人的智能的理论、方法、技术及应用系统的一门新的技术科学。人工智能致力于实现非生物体人工系统对人类智能行为的仿真，旨在模仿、应用人类逻辑思维、形象思维和灵感思维展开创造性工作。

云计算、大数据、物联网、深度学习等技术发展交织构成了人工智能时代的舞台，深化科学技术与哲学思想的融合，推动了人居环境系统的信息化转型，催生了建筑计算性设计思想、流程与技术体系，使之成为突破科学瓶颈、解决工程难题的重要途径。

复杂性科学深化了学界对人居环境多系统耦合肌理的认识。工程领域的科学思想演化与工程实践诉求促进了计算性设计思维的产生，推动了计算性设计方法。哈尔滨工业大学等科研机构梳理了计算应用与建筑设计的历史演化，提出了建筑计算性设计并解析其思维和流程特征，剖析了人工智能技术在建筑计算型设计中的应用。麻省理工学院的长仓威彦（Takehiko Nagakura）等立足计算性设计背景，开发了基于空间类型的办公建筑信息建模工具。新加坡国立大学的斯托夫斯·卢迪（Stouffs Rudi）等提出运用条件生成对抗网络展开城市设计的方法，旨在有效

支持城市设计决策制定过程等。而在空间方面，现代主义建筑伊始，建筑师删减装饰而使空间成为叙事主角，建筑本质属性的回归导致了现代建筑的崛起。现代主义建筑师崇尚机器美学所带来的空间感而将其简单归纳为单一、静态、模式的盒子式类型体系，这符合当时的社会语境，但他们对空间的认知过于狭隘和片面，这为后现代主义对其进行发难、质疑和批判埋下了伏笔，导致后现代主义建筑之后建筑学转向多元探索和发展。进入 20 世纪后，建筑空间从更广泛的空间概念中被限定出来，成为建筑学领域的一项首要工作，建筑师和建筑理论家在各自的工作范围内探索和研究着新的建筑空间概念。流体、异元、软性、多维、自组织等成为当下建筑学最热门的网络搜索关键词。

系统化设计的思维体系也成为建筑计算习惯设计的融合领域，基于系统科学复杂性科学思想，建筑计算性设计思维将人居环境系统解析为建筑子系统与环境子系统，温度、湿度、天空亮度、日照辐射变化等环境子系统会改变人居环境系统平衡状态，并通过两组子系统之间的能量、物质交互，逐步回归于平衡状态。因此，建筑计算性设计思维具有鲜明的系统化与动态化特征，其系统化特征推动了建筑设计过程从建筑单系统主导向建筑双系统协同转型。（图 1-13）

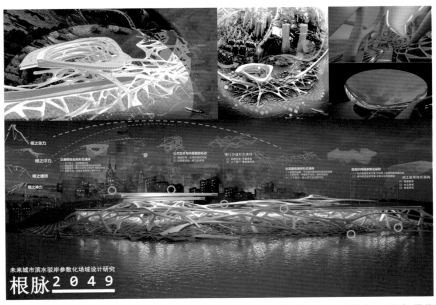

图 1-13 参数化设计探索：未来城市滨水驳岸参数化场域设计研究（韦爽真 张方舟 王雪凌 罗紫月）

二、系统化设计

系统化的发展历程，始终呈现出一种动态变化、开放发展的特质。系统化原则从根本上纠正了近代科学忽略解决问题的普遍方法、片面强调所有细节等同全局的观念偏差，以世界万物自成系统又互为系统的思想促成人类知识技术的有效整合，树立更加科学、更加符合实际的做事方法，实现思维方式的根本转变。

系统化原则成为现代设计艺术体系的重要构成内容与方法支撑，是设计由传统走向现代的必然。传统的设计，不会将对象事物作为一个整体的系统，不会从全局出发去认识和研究对象事物内部各组成部分之间的有机联系，以及对象事物与外环境的有机关系。其设计方法通常是把对象事物分解成若干互无联系的部分进行设计，经验也往往是设计活动的重要支撑。随着工业化进程的推进和数字化、信息化时代的来临，设计领域中设计的内涵和外延不断得到扩展，传统的设计方法显然已不能适应这些变化。与此同时，系统观念不断强化，系统化原则的渗透促进了各类学科的高速发展。人们在相当长的一段时间中，探索出了以系统化原则作为设计的指导思想，把设计作为系统来研究，将系统化的方法作为设计的核心。

系统化原则运用于设计，其意义在于把与设计相关的一切事物看作一个有机整体，用系统理念对设计加以系统分析、系统归类整理、系统设计、系统评价和系统综合，最终达到设计的目标，达到实现这个目标所经历过程和所采用方式的最优化。这与当前的科技和社会发展是相适应的。（表 1-3）

第三节　空间环境系统化设计理念的形成与应用

设计发展理论表明，设计源于人类生存的需要，普遍存在于人类的生活生产活动之中。在任何的时代文化背景下，设计都是以人类为中心，为人类服务的。随着物质财富与精神文明的日积月累，空间环境设计这种规范影响人们行为和心理的基本力量逐渐强大。它的进步和发展总是与新理论的研究、新技术的发明、新工艺的创造、新材料的研制、新结构的研究以及新形式的探索息息相关。空间环境系统化设计理念是人类文明、现代科技发展到今天的智慧结晶。它的形成与应用不是一时兴起的，而是经过了历史的沉淀。

表 1-3　空间环境系统化设计纵、横向知识系统构成要素

系统化设计程序	纵向系统构成要素	横向系统构成要素
设计项目说明 ↓ 程序编制 ↓ 草图和概念拓展 ↓ 设计方案 ↓ 设计深化 ↓ 设计终稿 ↓ 实施（施工和安装） ↓ 评估和储存	专业系统	有关要素
	环境系统	内外环境的整体氛围、地理气候特征及相互的连通关系等
	生态系统	各种生物群落与环境之间的能量流动和物质循环等
	建筑系统	建筑空间的功能、形体的完善和意境的创造等
	结构系统	结构部件的处理、承重结构的分析等
	照明系统	自然光源与人工光源的设计及灯具布置、照度要求、照明方式等
	冷暖调节系统	环境的设计与冷暖供应设备、冷暖调节系统的关系等
	给排水系统	生活生产用水、天然水系、人工水系的循环系统设置等
	消防系统	环境与消防感应报警器、消防设施的布置等
	交通系统	步道、干道、坡道、梯步、电梯等交通设施的处理等
	导识系统	空间中标识、广告、指示牌、灯箱造型与布置及各种信息播放系统的布置等
	陈设艺术系统	雕塑、装置、灯具、绿化和其他设施物件的选配等

一、萌芽——古希腊哲学时代

古希腊哲学时代，人类热衷于对自然的本性与原理的探索，试图建立适合于人的自然秩序，这既是在严酷多变的自然条件下寻求生存安全的基本需求，又是在认识和掌握自然奥秘的前提下征服自然、达成自我实现的欲望表述。

公元前5世纪的毕达哥拉斯学派创立了自然的数学结构和数的形式，而后柏拉图又发展了按照数学方式设计自然界，自然的数学化观念得以建立。从古希腊时代开始，理性的观念逐渐动摇了有机的自然概念。到了中世纪，基督教把有机体的自然概念视为异端邪说，信奉上帝授权人来支配万物，使人类统治自然的观念得以强化。人类在这一时期，运用事物的结构、形式、构成、规则、数理关系等对自然的因素进行整合，系统化设计理念由此萌芽。但在人类认识和掌握了自然的规律和秩序时，理性思维也得到训练，在这个逐渐充满自信的过程中，人们意识到改造自然具体实施的无力，仅有理性的思维不能实现对自然的支配控制，还需要实验和实践积累。（图1-14、图1-15）

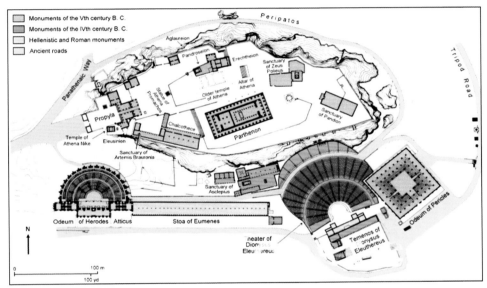

图 1-14 希腊雅典卫城平面图，理性思维的体现

图 1-15 位于卫城中心的巴特农神庙，列柱围廊式的空间形式显示了严谨的数理构造关系

二、进步——文艺复兴时期

文艺复兴，带来了针对中世纪教会思想禁锢的自然观念的变革，以及从科学理论到技术应用的革命转化。文艺复兴强调人文主义精神，批判神性，强调人性。它的人文主义精神这一主题始终被全世界的艺术界和设计界尊为旗帜。在文艺复兴的召唤下，设计作为一门独立的学科，逐渐成为创造人类文明、创建人工自然最强有力的工具。

毕达哥拉斯的黄金分割法是设计和绘画语言中构图的经典；欧几里得几何学教会了人们如何认识空间形式感；伍才娄的透视图画法形成了焦点透视的三维观察方法；笛卡儿坐标系、蒙日的画法几何学帮助人们对空间进行定位，对物体的空间三维进行准确而直接的描述……文艺复兴的这些成果，让自然空间成为一个巨大的数学体系。空间环境设计在这个体系中呈现出数学化和几何化特征，并形成了秩序、均衡、节奏以及数比律等设计美学中最为重要的形式原理和法则，对空间环境系统化设计理念的真正形成和应用产生了深远的影响。（图1-16）

文艺复兴让人类思想得到空前的解放，注重实验和实践，新的思想和方法层出不穷并形成了比较完整的体系。这个时期的设计活动主要以手工业为中心，属于传统设计的范畴。其设计思维在吸收同期先进理论知识的同时，也接受了机械论世界观，表现出极端的理性化。僵化的机械论世界观忽视整体、忽视变化发展，把物质和运动割裂开来，势必导致以它为基础的设计思维是一种将人和自然、物质和精神分离对立的思维，是非系统化的思维。

三、形成与应用——工业化时代以来

19世纪的前工业时代，尽管促进了工业设计思想的萌发，但设计界以工艺美术设计思想消极抵抗机器美学，艺术与技术处于对立状态。20世纪的第三次科技革命，使彻底区别于传统设计的现代设计破土而出。空间环境设计作为现代设计体系的一支，在第三次科技革命和现代科技的支撑下，在市场经济和社会需求的驱动下，成为人类社会最为活跃的应用学科之一。20世纪，也是现代意义下的系统科学建立并蓬勃发展的时期，动态开放性的发展，不仅让它深入已存在的传统学科的核心去攻坚，也让

图 1-16 意大利 17 世纪系统化市镇体系较完整的空间环境设计，具有鲜明的数学化和几何化特征

它把以往历史所忽视的多学科的交叉领域、把新时代特征下产生的边缘学科的相关领域纳入一个有机整体中去研究。这为系统化理念与空间环境设计的结合打下了坚实的基础。

进入 21 世纪后，信息技术、生存环境、文化形态等都向空间环境设计提出了种种要求：通过空间环境设计的介入、参与和导向，反映、表达和推动了现代科技的进步，现代经济及现代文明的发展，体现了技术经济效益、社会文化效益与环境生态效益的高度统一。空间环境设计要达到让自然环境和人工环境相协调、可持续发展的目标，必须对设计理念、设计思维进行理性思考。空间环境设计在行为学、心理学、认知科学、信息科学等多学科的综合发展中，在社会消费观念、消费特征的巨大转变下，得到了突破性发展，系统化设计理念由此成为空间环境设计的重要组成与方法支撑。（图1-17）

空间环境设计发展至今，其设计思维是有机整体的系统思维。从个体到整体、从局部到区域、从单一过程到动态立体，用人与自然和谐的系统整体观构思和策划项目并进行设计，已成为空间环境设计的基本理念和原则。

图 1-17 现代都市的空间环境设计，体现了经济、文化、环境的高度统一（日本东京）

■ 教学引导 ■

■ **教学目标** 通过本章的教学，让学生对系统和系统化两个概念有一个基本的了解，引导学生站在系统化的角度理解空间环境设计的发展和变迁，阐明系统化设计理论和方法的形成，从而对空间环境设计中系统化设计理念等相关内容进行梳理，做好理论上的认识准备。

■ **教学手段** 本章通过多媒体教学的方式，阐释系统、系统化概念与空间环境设计的关系。教学中，除理论讲授外，还应结合典型案例，引导学生对系统化设计原则和空间环境设计两者间的关系、意义等展开讨论，增强对本章知识点的认识与理解。

■ **重点** 掌握系统和系统化的基本概念，理解系统化设计原则在空间环境设计中的现实意义和指导价值。

■ **能力培养** 通过本章的学习，引发学生对现代交叉学科知识的关注，对时代特征下所赋予空间环境设计的新内涵、新手段和新思维给予关注。使学生由此及彼，举一反三，拓展自己的专业学识。

■ **作业内容** 通过查阅资料等方式，深化对空间环境系统化设计理念和设计原则的理解。

2

空间环境系统化设计特征与方法

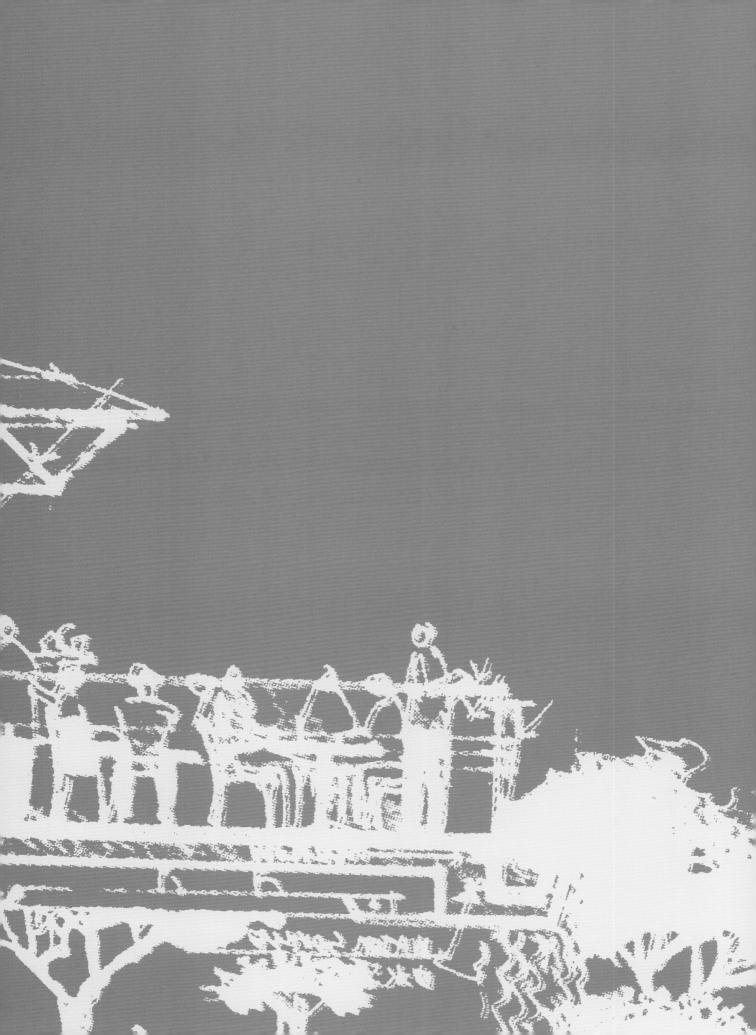

空间环境系统化设计特征与方法

第一节 空间环境系统化设计特征

空间环境是一个综合性的概念，它所包含的范围极其广泛。不光自然环境、居住环境等属于空间环境，建筑、室内环境也属于空间环境。人类进化的历史，也正是一部人类用自己的力量构造理想的生存空间环境的历史。如人类用了几万年时间改变了与动物相似的树栖洞居的生存空间环境，又用了几千年构筑了城市这样的生存空间环境。在这个过程中，人类构造空间环境的意识和思想应运而生，不断交流、烁古恒今，正是这种相互间的影响，促进了人类空间环境设计的进步。（图2-1至图2-4）

如今，空间环境设计已发展成为设计艺术的一门学科。从大的方面说，它能涉及整个人居环境的

图2-1 空间环境中的自然环境——泸沽湖（作者摄）

图2-2 中国传统的人居环境——安徽宏村（作者摄）

图2-3 空间环境中的建筑空间（作者摄）

图2-4 现代感极强的室内居住空间环境（Attilio Stocchi Architecture Studio）

系统规划；从小的方面说，它可关注人们生活与工作的不同场所的营造。它涉及城市设计、景观和园林设计、建筑与室内设计的相关技术与艺术问题，与其他学科相比，它的知识交叉范围更广，要求设计师不仅要具备相应专业的知识和技能，如城市规划、建筑学、心理学、材料和结构学等，还需要具备深厚的文化与艺术修养以及交流沟通能力。这些都反映了孤立、散乱的传统设计方式已无法适应当今空间环境设计的发展要求。

随着社会的进步和设计学科的发展，当今空间环境设计已构筑出一个自成体系的方法系统。系统化设计原则即是针对空间环境设计中出现的种种问题所萌发出的一种可行性的指导思想和可操作的解决途径。它要求参与设计的各环节要通过沟通、对话来协调矛盾，解决利益冲突，并由此而构成系统体系。与其他艺术和设计门类相比，空间环境设计师更是一个系统工程的协调者。

空间环境的系统建构要素包括：环境特征、消费特征、行为特征、知识特征与方法特征五个部分。

一、环境特征

环境是人类赖以生存的基础，是人类利用自然、改造自然的主要场所，生存空间的所有活动的展开都与环境密切相关。因此，系统地认识环境的构成和特征是必不可少的，它有利于我们系统地认识事物，树立整体的环境观。

1. 环境系统构成

广义地说，环境指包括我们周围一切事物的总和，其内容和构成是复杂的，我们用系统构成进行分类，从要素入手，将环境划分为五大构成系统。（表2-1）

表2-1 环境构成系统

系统构成	有关要素
自然系统	气候、水、土地、植物、动物、资源等
人类系统	人的生理、心理、行为等
社会系统	社会关系、人口特征、经济发展等
居住系统	住宅、社区设施、城市中心等
支撑系统	公共服务设施、交通、法律系统等

（1）自然系统

自然系统包括气候、水、土地、植物、动物、地理、地形、环境分析、资源和土地利用等。整体的自然环境和生态环境是人类生存、繁衍的物质基础，利用、保护和改善自然环境，是人类生存和发展的前提。

在自然系统中，主体是生态系统的架构，至今有200多万种生物，它们之间相互组合成各种生物群落，依靠地球表层的空气、水和土壤中的营养物质生存和发展。这些生物群落在一定自然范围内相互依存，在同一个生存环境中组成动态的平衡系统。自然系统包括动物、植物、微生物所组成的生态环境和周围的非生物环境四大部分。在太阳能的作用下，非生物环境中的营养物质分解成养分供养植物，植物供养动物，动物产生的废物，及其解体后，又回归自然，如此循环，不断进行着生态系统的物质交换，并保持自然平衡状态。

此外，自然因个人兴趣不同而有不同的表现。对自然学家来说，自然展开的是一个有蜘蛛网、卵群和蕨叶的奇妙世界；对采矿专家来说，自然是一个顽固又浩瀚的煤、铜、铅和银的矿产宝库；对水电工程师来说，自然是一个丰富的能源储备库；对结构工程师而言，自然的每一处表现都是理解和应用形式创造的普遍法则。然而，对空间环境设计师来说，自然对每一个空间项目都表现为永恒的、生机勃勃的、可敬又可畏的环境，空间设计师需要系统地了解和尊重自然特征、规律、生态环境，在项目设计中，不是力图征服自然，也不是忽视自然条件，更不是盲目地以建筑物代替自然特征、地形和植被，而是"处心积虑"地寻找一种与自然和谐统一的融合。（图2-5至图2-8）

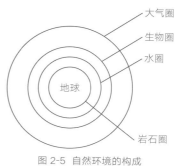

图 2-5 自然环境的构成

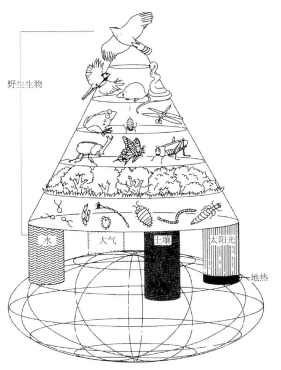

图 2-6 自然的生态系统概念图——基层生态环境的健全才能确保高级生物拥有丰富的食物基础（日本生态系协会）

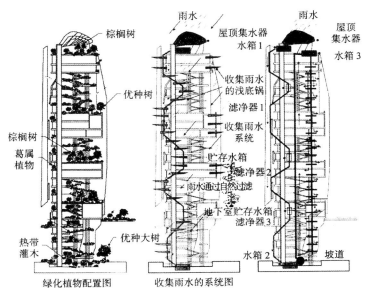

绿化植物配置图　　　　　收集雨水的系统图

图 2-7 新加坡 EDITT 塔楼——将自然的生态系统理念融入建筑设计中（杨经文）

图 2-8 人与自然和谐融洽的空间环境（Michael Van Valkenburgh Associates, Inc）

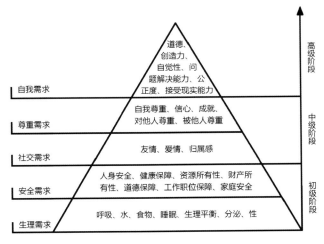

图 2-9 马斯洛需求理论

（2）人类系统

人类系统指的是作为个体的聚居者的物质需求与生理、心理、行为等有关因素。（图 2-9）

人是自然界的改造者，又是人类社会的创造者。人类的一切活动都是为了满足其生理和心理的需求。在空间环境中，人有吃饭、睡眠等生理需求，同时，人又是有情感的社会群体，需要归属感、安全感、私密感、距离感，此外，还需要爱与关怀等。空间环境设计师不仅仅要处理好区域、空间和材料之间的关系，还需要将"人"的需求纳入整个系统化设计中进行考虑。正如一位设计师所说："规划环境设计的基本目的是创造并保持现有的人与环境的最佳关系。如现代医学工作者一样，我们试图带给人身心平衡和整体的健康。这包括心理学和生理学的因素。设计作品成败与否只能通过其对人类健康和幸福各方面的长期影响来进行切实评价。"

总之，在空间环境系统化设计中，除了要满足人们基本的生理需求外，还需满足作为一个完整的人的更广泛的精神需要。并且，不同层次的人——不同种族、不同年龄、不同文化水平、不同道德观念及修养等，对环境的需求也是不一样的。这种需求随着时间和空间的变化而变化，并且永远不会停留在一个水平上。因此，人的需要是无限的，这种无限的需要推动了空间环境的改变、社会的发展，促进设计活动的深入。（图2-10至图2-14）

（3）社会系统

社会系统指的是人与人之间相互作用，组成各种有形或无形的关系，并形成网络的总系统。它由经济、政治、思想、教育、文化等要素构成。经济构成要素包括市场机制、社会分工、资源分配、消费特征、人口趋势、社会福利等；政治构成要素包括国家、军队、法庭、政党、法律等；思想构成要素包括报刊、电视以及其他传播媒介；教

图2-10 人对物质的需求（作者摄）

图2-11 亲近自然的需求（作者摄）

图2-12 休憩、玩耍的需求（作者摄）

图 2-13 归属与爱的需求——刻有盲文的人性化栏杆设计（Dirtworks,PC/ Image courtesy of Dirworks,PC）

图 2-14 对弱势群体的人性化关爱（作者摄）

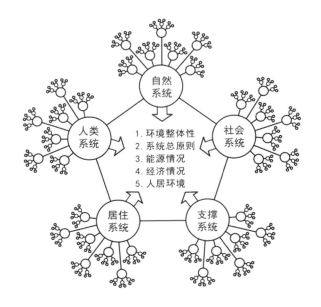

图 2-15 人居环境科学的系统模型

育构成要素包括家庭、学校、社团等；文化构成要素包括科学、哲学、艺术等。社会系统中各构成要素通过互动和共同行为实现社会整体的协调和一致。（图2-15）

社会是人类历史发展的产物，社会的发展和变化是通过人的活动实现的，人的活动始终贯穿在社会系统的各个方面，人的社会属性也决定了他们有不同的生活需要，相互之间需要进行分工协作，从事不同的活动。相反，社会又反过来制约着人类活动，也是影响人类与环境关系的决定性因素。在空间环境系统化设计中，需要综合考虑社会系统要素给其带来方方面面的影响来合理组织各种生活空间，最终促进整个社会的和谐幸福发展。

（4）居住系统

居住系统指的是住宅、社区设施、城市中心，以及人类系统、社会系统等需要利用的居住物质环境及艺术特征。（图2-16至图2-19）

今天，居住空间的作用是什么？是庇护所？是活动中心？是工作基地？毫无疑问，三者都是，而且每一种功能都有待于体现并得以满足。从完整意义上讲，居住空间的功能远远超过这三者。它使人类能长久在地球上生存，是人类精神的寄托。人类需要的居所至少应满足以下六点。

①庇护

自古以来，居住空间首先是人类遮风挡雨的庇护所。当今人们利用先进的供热设备、空气调节器、多种类型建筑材料以及精细的结构体系，对庇护所的概念有了新的诠释。除了生理的庇护以外，人类同样需要居所带来的心理的庇护感。

②防御

防御意味着远离一切危险，不仅是危险物，还包括人为灾害和自然灾害等。尽管自然界潜在的危险历经世纪变迁已有所变化，

图 2-16　运用当地传统材料构筑的现代住宅（马清运）　　　　　　图 2-17　带有强烈墨西哥风格和文化色彩的住宅（马里奥·谢赫楠）

图 2-18　当今小区居住模式——成都"西花汀"居住小区（易道）　　图 2-19　与自然融合的住宅空间（Mack Scogin Merrill Elam Architects）

但人类的本能没有变，需要保证绝对的安全。

③实用

居住系统体现了多样性，并不是所有的功能都是针对居住而言，它还应有配套的餐饮、娱乐、休闲、购物等功能，这些功能体系由餐厅、酒店、度假村、游乐场、公园、商场、图书馆等功能空间构成。

④宜人

居住系统仅仅满足功能需求是不够的，它还必须令人愉悦，必须能满足人们对美好事物的向往。然而，美不能和浮华、装饰、精巧等混为一谈。真正的美多来源于简朴无华，少而简洁恰恰意味着多而丰富。

⑤私密性

在匆匆忙忙、竞争激烈的世界里，有时候人类十分需要有一块清净之地。地方不需要太大，只要在住宅和公园中有一席之地远离生活的喧嚣。在那里，人们可以读书、欣赏音乐、交谈或只是静静地发呆。人类对私密空间的需要是人性的本能。

⑥欣赏自然

所有人内心深处都深藏着本能的对自然的渴望。人类希望亲近自然、观察自然、接触自然，需要和自然保持紧密的联系，生活于自然环境中，并将自然融入生活。目前，居住系统的一个显著特点就是室内空间室外化，大多数室内空间都有其户外延伸——入口道路通向庭院，生活空间通向露台等。经过巧妙规划的人居环境，室内与室外很难区分。

总之，居住系统的完善与发展，不仅影响着居民的生活质量、城市的环境质量，还在很大程度上反映一个城市乃至国家在不同时期社会政治、经济、文化和科学技术发展的水平。

（5）支撑系统

支撑系统指的是为人类活动提供支持的基础设施，包括公共服务设施系统——自来水、能源和污水处理，交通系统——公路、航空、铁路，经济系统，法律系统，艺术系统，教育系统，通信系统，计算机信息系统和物质环境规划系统等。（图2-20至图2-25）

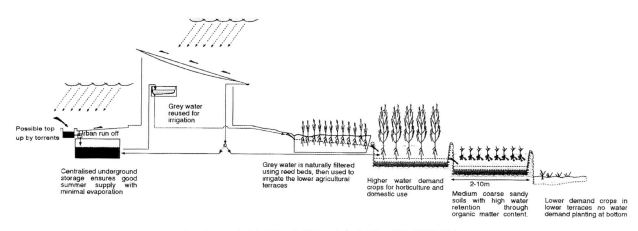

图 2-20 变废为宝的废水处理系统——家用废水经过过滤并被用作灌溉用水（理查德·罗杰斯事务所）

图 2-21 交通系统——城市滨河步行道（佐佐木建筑师事务所）

图 2-22 交通系统——机场

图 2-23

图 2-24 带给人精神启迪的艺术空间——日本横滨美术馆（作者摄）

图 2-25 教育空间：将建筑与景观结合，融入学习生活中去的富有形式美感的空间环境——城西国际大学（普莱斯多媒体）

2. 环境资源整合

（1）资源概念

《辞海》把资源概括为：财富的来源，即人类在生产、生活和精神上所需要的物质、能量、信息、劳力、资金和技术等均可称为资源。

（2）资源分类

资源按其性质可分为自然资源和社会资源。自然资源是人类赖以生存和发展的物质基础。自然资源的分类如下表。（表 2-2）

表 2-2 自然资源分类

划分依据	构成要素
物质构成	矿产资源、水资源、生物资源、土地资源、气候资源
空间范围	陆地资源、海洋资源、大气资源
增殖能力	可再生资源（光、风、水力、地热等） 可更新资源（生物资源） 不可再生资源（矿产资源）
能否被人类加以控制	专有资源（可控资源，如领海、公有土地等） 共享资源（空气、公海、森林等）
可否回收利用	可回收利用资源（木材、水） 不可回收利用资源（能源）

社会资源又称社会人文资源，是直接或间接对生产发生作用的社会经济因素，包括社会、经济、技术等因素以及人力、人才、智力（信息、知识）等资源。

（3）资源特征（表 2-3、表 2-4）

表 2-3 自然资源特征

特 征	表 现
使用价值	资源对人的功能价值
多用途性	如森林可用于旅游，也可作建筑材料
不平衡性	地域不同，自然资源空间分布不平衡
有限性	数量的有限和资源结构组合的有限
动态性	处于永恒的运动变化中
系统性	内在要素相互联系、影响、制约

表 2-4 社会资源特征

特 征	表 现
社会性	不同的社会生产方式产生不同的种类、数量、质量的社会资源
	社会资源可跨越国界、种族，谁都可以掌握和利用它创造社会财富
继承性	社会资源可继承、延续、发展
流动性	劳动力、技术、资料等可交换传播
不均衡性	受自然、经济、政治、制度的制约

（4）资源整合

资源整合是系统论的思维方式，是宏观上的战略思维，是对社会资源的优化配置。在空间环境中，各种各样的资源相互联系、相互制约，形成一个结构复杂的资源系统。资源系统内各要素通过整合、渗透、协调，从而构成一个整体，使系统各要

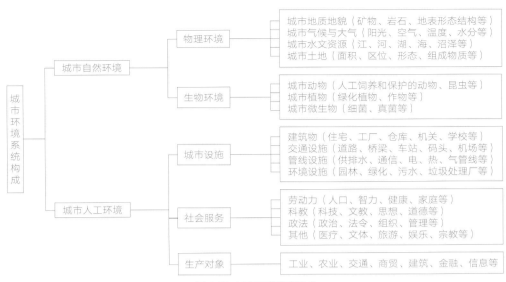

図 2-26　城市环境系统构成

素发挥最大效益，达到"1+1 > 2"的效果。

在空间环境中，城市环境是一个大系统，我们所研究的对象不仅仅是物质环境，还涉及人和人文系统等方面的因素。一方面，城市是由多个体组成的多尺度、多层次的复杂综合体。这些个体相互依赖、相互制约，协同合作，不断地根据周围其他个体调整自己的行为。另一方面，为了与时刻变化的外部环境相协调，城市在发展的过程中，有意识地促进各个部分与个体通过学习改进自己的行为，使之相互适应、相互协调和相互作用。（图 2-26）

例如，在城市规划中，较早、较全面地运用系统思想对其进行阐述的是道萨迪亚斯的"人类聚居学"，萨迪亚斯说过："为了获得一个平衡的人类世界，我们必须用一种系统方法来处理所有问题，避免仅仅考虑几种特定元素或是某个特殊目标的片面观点。"

城市环境中具体形体的设计

与社会系统设计之间并不存在本质的界限，因而，我们必须在一种社会资源整合的条件下和探寻性的设计过程中去寻找答案。（图 2-27 至图 2-29）

図 2-27　中轴线式的城市规划布局（作者摄）

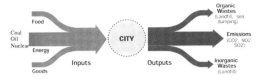

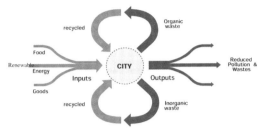

图 2-28　城市系统是一个复杂的综合体（作者摄）　　　　　图 2-29　城市资源的循环系统（理查德·罗杰斯事务所）

二、消费特征

如果你稍微停顿下来思考，回忆你一天的生活，你会发现日常生活的方方面面都与消费活动密切相关。消费指的是人们为满足自身需要而对各种物质生活资料、劳务和精神产品的消耗。它是人们维持生存和发展与进行劳动力再生产的必要条件，也是人类社会最普遍的经济现象和行为活动。

1. 消费特征的形成与变化

当今，消费特征的形成与变化经历了农业化社会—工业化社会—信息化社会的社会形态转变之路，也经历了从自给自足—积累交换—快速型社会消费—合理化消费的转变，即消费系统的建立与统筹型社会形态的确立。

（1）农业化社会的消费特征

农业化社会是以青铜器和铁器广泛应用于农业生产为标志的社会。在漫长的农业社会中，生产力发展水平低下，社会分工不发达，生活节奏缓慢，人类对自然的了解十分贫乏，人类的物质生活也处于简单粗糙的状态。以家庭为基本生产单位、以手工为主要生产方式的自给自足的小农经济在社会中占主导地位，生产主要是为满足家庭生活需要而不是交换。因此，农业化社会最大的特点就是自给自足，不需要关心消费者。

（2）工业化社会的消费特征

18 世纪中叶开始的工业革命，使人类从农业社会迈入了工业社会，工业生产成为推动社会进步的主要动力。生产力的发展，使人们有了更多的物品用于积累交换，同时也促进了消费。毫无疑问，工业化是推动经济发展的强大动力，没有工业文明也就没有今天经济的发展。然而，在工业化时代后期，工业文明所塑造的消费，却是一种典型的快速型社会消费。例如，目前城市消费者追求的 "一次性" 的消费方式。这不仅仅表现在像一次性筷子、一次性水杯、一次性塑料包装袋等用品的消费，还表现在如电器、汽车等消费品，因为追求功能更多、样式更新颖的消费品而造成快速地更换。在空间环境中也不例外，越来越多的自然环境被侵蚀，变成了人们居住、玩耍、消费的场所，室内环境频繁的装修更新换代等。

工业化社会经济发展程度越高，快速型消费的表现就越突出。商品的聚集极大地刺激了人们对物质产品的新的需求。面对琳琅满目的商品以及无处不在的广告宣传，人的消费欲望不断地被激发出来，潜在的消费欲望激化成现实的消费需求，而从未有过的消费意识和需求也在这种刺激下被创造了出来。人的这种不停息的需求创造，以及对物质产品的永不满足，一方面，推动了经

图 2-30 无处不在的广告牌、琳琅满目的商品，不断地激发人的消费欲望

图 2-31 在信息社会里，人更需要面对面地交流与沟通（作者摄）

济的发展；另一方面，这种消费的结果也使自然资源的消耗不断增加，造成了大量的资源过度开发和浪费，同时也污染了环境。

因而，工业化社会的消费是一种不可持续的消费方式，不利于社会的长期健康发展。这种消费方式必然随着经济的进一步发展和人们对环境问题的反思发生转变。（图 2-30）

（3）信息化社会的消费特征

信息化社会是工业化社会发展到 20 世纪 90 年代，随着计算机技术和互联网技术逐渐渗透到工业生产和人们生活当中而形成的一种新的社会形态。尽管有的发达国家已经率先进入信息化社会，但大多数国家正在由工业化社会向信息化社会转变，这一过程也被称作"信息化"。

在信息化社会，人类更加珍惜自己所生存的自然环境，人和知识将成为社会最重要的资源，同时，信息技术将渗透到社会生活的各个领域，人类社会生活中的各种活动都涉及信息和信息处理。

①信息化社会与人的需求（图 2-31 至图 2-34）

A. 信息泛滥与处理

信息化社会，网络遍布社会各个角落，人们的生活被移动电话、电视机、计算机等各种数字化终端设备所包围。今天，远离他乡的游子们，不再只通过使用写信的手段来寄托对故乡和亲人的思念，他们可以通过打电话、发微信、视频通话等来传递信息；一台随身携带的平板电脑、笔记本电脑存储了企业的全部产品信息、客户信息、市场信息等，为推销员带来了便利……总之，各种信息资源每时每刻都在充斥着人们的视野，积极的信息和消极的信息同时影响着人们的思维和情感。面对纷繁复杂的信息世界，人们需要对信息进行识别、选择和处理，从而把生活变得清晰、有条理、高效、愉悦。

B. 虚拟世界与现实世界

信息社会人与人的交往更加密切而频繁，人的社会关系变得更加复杂多样。但是人际交往又常常是通过信息媒介在虚拟世界（电话、网络等）里完成，高科技虽然克服了空间和时间的障碍，但同时又剥夺了人们面对面交往和活动的机会，虚拟世界和现实世界的错位常常给生活带来麻烦，因而人们主观上需要真实世界里人与人的密切交往与互相理解。

C. 物质需求与精神需求

农业化社会人们的基本需求是解决吃饭问题，工业化社

图 2-32　信息化社会里人们对和谐自然生活的追求（建筑营设计工作室）

图 2-33　个性化的标识图案为人们了解空间提供了信息指导（ dn&co ）

图 2-34　体现苏州古城风貌与人文内涵的建筑空间——苏州博物馆（贝聿铭）

会人们追求的是在解决温饱问题的基础上对衣食住行各方面的高标准的需求，而在信息化社会人们对环境质量和生活品质产生更高的要求。这种高品质是一种超脱了"物质"的生活，它注重"质"而非"量"，它使我们能够聆听自己内心深处的声音，追求真、善、美与和谐自然的生活，使自己享受真正的精神快乐。

D. 个性需求

信息化社会的意识形态是多元化的，人们对事物的理解和看法千差万别，因此对生活方式的追求也各不相同，追求自我、张扬个性成为很多人的生活态度。

E. 文化共融与差异

信息传播和共享是无国界的，一个国家、一个地域、一个民族在历史延续中传承下来的文化内容会以信息传播的方式被世界所认知和了解，信息化社会各种文化的碰撞与交融空前的剧烈，这有利于人类文化资源的共享和共同发展。但是，在长期的文化共融中，一个民族和地域的文化特征也很容易被湮没和遗忘。因此，信息化社会人们更需要在文化交融过程中保持和传承自己特有的文化信息。

②信息化社会的消费特征（图2-35、图2-36）

通过了解信息化社会的消费特征以及人们的需求，可以使我们清楚地理解信息化社会的消费更需要关注人的精神和情感，需要尊重个性的需求，需要促进人际交往的和谐，需要传承和弘扬传统文化。更重要的是，在信息化社会，消费特征实现了由工业化社会的快速型社会消费向合理化消费的形

能源概念图

冬季 白天

冬季 晚上

夏季 白天

夏季 晚上

图 2-35 生态建筑对能源的节约和利用——绿色消费的理念也延续于空间环境中，表现在对能源、环境的尊重与利用（Thomas Herzog）

图 2-36　人们对绿色生态环境的需求：从府南河抽取受到污染的河水，经过公园的人工湿地系统进行自然生态净化处理，最后为"达标"的活水回归河流——我国第一座以水为主题的城市生态景观公园（作者摄）

态转变。

整个 20 世纪，工业化浪潮以前所未有的速度和效率为社会创造了巨大的财富，为广大消费者提供了丰富多样的物质产品，也给企业带来了巨额利润。但与此同时，人类赖以生存的自然环境也在遭受严重破坏，资源被大量浪费，环境被严重污染，生态平衡受到失衡的威胁，人类开始面临着前所未有的生存危机。面对这一"有增长、无发展"的困境，人类不得不重新审视自己的发展历程，寻找一条新的可持续的发展道路。

合理化消费又称为绿色消费，不仅是指一种以"绿色、自然、和谐、健康"为宗旨的，有益于人类身心健康和保持良好的社会环境的新型消费方式，也是指人们意识到环境恶化已经影响其生活质量及生活方式，要求有利于环保的绿色产品、绿色环境、绿色服务，以减少对环境伤害的消费活动和方式。在国际上，一些专家将此种消费方式概括为 5R，即节约资源、减少污染（reduce）；绿色生活，环保选购（reevaluate）；重复使用，多次利用（reuse）；分类回收，循环再生（recycle）；保护自然，万物共存（rescue）。

如今，这种消费方式已经在世界范围内被逐渐倡导，人们对环境和资源的忧虑逐渐转化为消费过程中的一种自律行为，人们更加倾向于适度、无污染、保护环境的消费，不仅表现为人们对于绿色产品、绿色环境以及衣、食、住、行、用等方面的生理、安全、生存需要，而且体现在社交、享乐、发展等高层次的需求上。这种消费特征反映了人们返

璞归真、崇尚自然、向往绿色而放弃更多物质追求
的价值观念，体现了从当代人生存、安全需要到几
代人、几十代人的长远思考，是一种更高层次的理
性需要，也是全人类的需要和未来发展的需要。

2．消费与市场

市场是一个十分庞大而复杂的系统。根据市场学
的原理，市场由三个方面的基本条件构成。一是消费
者的需求，二是有一方提供能够满足这种需求的产品
或劳务，三是有促成买卖双方达成交易的各种条件，
如进行交易的空间、服务手段、信息联络等。

这三方面的主宰者就是消费者、生产者和交易
者，以及为其提供服务的消费环境、生产环境和营
销环境。如何创造适合这三种人需要的三种环境，
就是设计师需要思考的问题。此外，市场是以消费
为中心的，市场营销战略和组织战略都围绕对消费
者观念、感受和行为的理解进行设计。（图 2-37 至图
2-40）

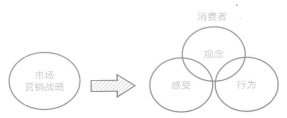

图 2-37 市场营销战略与消费者

图 2-38 带给人全新心理感受的消费新环境（Giovanny Bautista.
Tino Restrepo. Mario Roa. Andres casallas）

3. 消费者心理与行为

我们生活在一个市场营销的时代，几乎任何事
物都可能成为消费对象。在消费环境设计中，我们
也总是会思考这样一些问题：谁是消费者？如何发
现他们？如何满足他们？向他们销售什么产品？用
什么方法来刺激他们购买？如何让他们感觉到满
意？等等。要回答这些问题，必然需要了解消费者
的心理与行为。

消费者心理与行为是客观存在的。无论什么样
的消费者，首先都作为人而存在，因而必然具有人
类的某些共有特性，如有思想、有感情、有欲望、

图 2-39 具有休闲情趣的现代购物消费环境（GLC·哲外艺术设计）

图 2-40　消费新环境——由巴伦西亚古阿拉伯城墙的遗迹改造的叙事性餐厅（Francesc Rifé Studio）

有喜怒哀乐，有不同的兴趣爱好、性格气质、价值观念、思维方式等。所有这些特性，构成了人的心理，也称为心理活动或心理现象。它处于内在的隐蔽状态，不具有可以直接观察的形态现象，因而无法从外部直接了解。但是心理活动可以支配人的行为，决定人们做什么和不做什么，以及怎样做。换言之，尽管人的行为形形色色、千变万化，但无一不受到心理活动的支配。因此，观察一个人的行为表现，即可间接了解其心理活动状态。

同样，人作为消费者在消费活动中的各种行为也无不受到心理活动的支配。例如，是否购买某种商品，购买何种品牌、款式，何时、何地购买，采取何种购买方式，以及怎样使用等，其中每一个环节、步骤都需要消费者做出相应的心理反应，进行分析、比较、选择、判断。所以，消费者的消费行为都是在一定心理活动支配下进行的。这种在消费过程中发生的心理活动即为消费心理，又称消费者心理。而消费者行为则是指消费者在一系列心理活动支配下，为实现预定消费目标而采取的各种反应、动作、活动和行动。

总之，加强消费者心理与行为研究对于空间环境系统化设计具有极为重要的理论指导和现实意义。它涉及消费者个人心理特征、行为方式、群体心理与行为、企业市场营销、社会文化环境等诸多方面和领域。通过对心理过程中的认识过程、情感过程、意志过程，以及知觉、注意、记忆等心理要素的系统分析，揭示消费者心理现象的一般规律，把握其行为活动中的共性。（图2-41）

4. 影响消费者行为的因素体系

在消费环境系统化设计中，关注消费者行为因素是必要的。目前，随着人们消费水平的不断提高和消费内容的日益丰富，消费者的活动领域迅速向非实体性消费领域发展，如旅游、体育、文化和教育等知识性或娱乐性的消费活动。在这些非实体性的消费领域中，消费者的行为表现得更加丰富多彩。并且，也受到各种纷繁复杂的因素影响。借鉴美国社会心理学家卢因的研究成果，我们可以将影响消费者行为的诸多因素分为两大类，即个人内在因素和外部环境因素体系。从一定意义上说，消费者行为是消费者个人内在因素与外部环境因素交互作用的结果和产物，这两大因素相互联系、相互作用，共同构成影响消费者行为的复杂的因素体系。了解这些因素体系，有助于

图2-41 满足人们对自然、绿色环境向往心理的旅游消费行为——广东南昆山十字水生态度假村（易道）

我们在设计中系统化地把握整个空间环境。（表2-5）

（1）个人内在因素

在现实生活中，消费者的行为表现千差万别、形态各异。但挖掘其本质，我们会发现其无不以某些共同的生理和心理活动为基础。消费者的生理及心理活动与特征是决定其行为的内在因素。探讨这一因素体系，可以揭示出消费者生理及心理活动的共性，以及外部行为的共同生理与心理基础。

①生理因素

生理因素是指消费者的生理需要、生理特征、身体健康状况以及生理机能的健全程度等。生理学与解剖学的研究表明，人类的生理构造与机能是行为产生的物质基础。任何行为活动都是以生理器官为载体，并且在一定的生理机制作用下形成的，消费行为亦是如此。

表 2-5 影响消费者行为的因素体系

个人内在因素	生理因素	生理需要	衣、食、住、行、休息、健康等	
		生理特征	外在特点	身高、体形、相貌、年龄、性别
			内在特征	耐久力、爆发力、抵抗力、灵敏性、适应性
			健康状况	身体素质水平
		生理机能的健全程度	直接影响消费活动	
	心理因素	心理过程	认识	人脑对客观事物的属性及规律的反应
			情感	认识客观事物时所持有的情绪和体验
			意志	自觉确立行为的动机与目的，克服难以实现目标的心理过程
		个性心理	独有的心理特点和风格	
外部环境因素	自然环境因素	地理区域	地域差异，在消费需求和生活习惯上也存在差异	
		气候条件	气候制约消费行为	
		资源状况	自然资源的开发、利用程度与消费活动关系密切	
		理化环境	由人为因素造成的消费者生存空间的优劣状况	
	社会环境因素	人口环境因素	人口总数	
			密度分布	
			年龄、性别、职业、民族构成、人口素质	
		社会群体环境因素	家庭	规模、类型
			社会阶层	收入水平、职业特点
			社会组织	机关、学校、企业、军队、医院
			参照群体	向往群体、疏远群体
		经济环境因素	包括宏观经济环境与微观经济环境	
		政治法律环境因素	涉及国家政体、制度、社会稳定等要素	
		科技环境因素	科技发展使消费方式多样化，消费内容丰富	
		文化环境因素	文化不同，消费观念和行为不同	

A．生理需要

所谓生理需要是指人们在衣、食、住、行、休息、健康等方面的要求，是人类为维持自身生存和发展所必须满足的基本需要。可以说，满足自身生理需要，是人类一切行为活动的最初原动力，也是消费者行为的首要目标。在人们进行的形形色色的消费活动中，消费者只有首先对衣、食、住、行等基本生存资料进行消费，使生理需要得到满足，然后才有可能对旅游观光、娱乐休闲、文化教育、智力开发等进行消费。（图2-42）

此外，生理需要的具体内容和形式也并非一成不变。随着经济的发展和社会制度的变迁，它也会呈现出不同的特点。例如，同样是"民以食为天"，原始人满足于茹毛饮血的饮食，而现代人需要的是低脂肪、高蛋白、富含维生素的有营养的食品。可见，同样是满足吃的需要，时代不同就存在很大差异。这些都是在消费环境的系统设计中我们需要考虑的问题。

B．生理特征

生理特征具体包括人的身高、体形、相貌、年龄、性别等方面的外在特点，以及耐久力、爆发力、抵抗力、灵敏性、适应性等方面的内在特征和健康状况、生理机能的健全程度等。这些生理特征的差异都会引起不同的消费需求，从而产生不同的消费行为活动。

例如，不同年龄的消费者因其生理机能与社会经历的差异，具有不同的消费心理，并产生不同的消费行为。如老年人的消费特征大多谨慎，注重实效；儿童的消费特征却是好奇及随意；而青年人的消费特征大多是时尚、新奇，引领时代的消费潮流。另外，男性和女性也会呈现出不同的消费特征。男性大多粗犷、豪爽，需求单一，对商品的选择不太挑剔，较多地关注商品的功能与效用，购买决策自主，速度快，需要时才购买；女性则天生细腻、谨慎，需求多样，对商品的选择认真、挑剔，易受商品的外观形象以及主观情感的影响，购买决

图 2-42 满足穿戴、吃饭、住宿等基本要求是消费者行为的首要目标

策被动，速度慢，时间长，经常即兴购买。(表2-6、图2-43、图2-44)

表2-6　老年消费者与年轻消费者的消费习惯比较

购物行为	购物次数更频繁
	每次购物花费较少
	较少在夜间购物
	使用赠券
	用现金付账，而不是手机支付
	较少在折扣店购物
媒体习惯	比年轻人看电视的时间多60%，尤其是在白天
	老年人看报纸较多
	较少听广播，尤其是调频广播
他们希望从零售商那里得到什么	礼貌的对待
	个人的帮助
	送货服务
	休息设备（如长椅）

除此之外，消费者身体的健康状况和生理机能的健全程度也会直接影响消费活动。例如，腿部残疾的消费者需要轮椅、拐杖、假肢等帮助行走的工具，他们活动的空间需要无障碍设计；有视力障碍的消费者，需要一些有助于行走、认清周围环境的工具，如盲文、盲道等。(图2-45)

总之，生理特征不同，消费行为也会不同，这些特征的分析和掌握都有助于消费空间环境的系统化设计。

②心理因素

除生理因素外，消费者的行为还受到自身心理因素的影响。心理因素主要指消费者的心理活动。

图2-44　空间造型、材质、色彩的运用不仅符合女性的心理特征，并且为她们提供了一种全新的服务体验（槃达中国）

图2-43　符合儿童消费特征的空间环境设计（Wutopia Lab）

图2-45　公共空间中轮椅专用者升降电梯（作者摄）

心理活动是人类特有的高级活动，也是世界上最复杂的活动之一。与生理因素相比，心理因素对消费者行为的影响更深刻、更复杂。它主要包括心理过程和个性心理两个方面，其中又包含若干具体构成要素。

A.心理过程

心理过程指消费者心理活动的动态过程，它包括认识、情感、意志三个相互联系的具体过程。

认识过程是人脑对客观事物的属性及其规律的反映，具体表现为感觉、知觉、注意、记忆、想象、思维等多种心理现象。现实生活中，消费者的消费活动首先是从对商品或服务等消费对象的认识过程开始的。

情感过程是指人在认识客观事物时所持的情绪和情感体验。消费者在认识消费对象时并不是淡漠无情的，而是有着鲜明的感情色彩，如喜欢、欣赏、愉悦、厌恶、烦恼等。这些感情色彩体现着消费者的情绪或情感。

意志过程指人们自觉确立行为的动机与目的，努力克服困难以实现目标的心理过程。在消费行为中，意志过程表现为消费者根据对消费对象的认识，自觉确定购买目标，并据此调节行为，克服困难，努力实现目标的过程。

认识、情感、意志是统一心理过程的三个方面，它们之间相互联系、相互作用，共同支配着消费者的消费行为。

B.个性心理

由于先天遗传因素及后天所处的社会环境不同，人与人之间在心理活动过程的特点和风格上存在着明显差异。每个人所独有的心理特点和风格，就构成了他们的个性心理。对于消费者而言，他们的个性心理主要表现在个性倾向性与个性心理两个方面。个性倾向性包括兴趣、爱好、需要、动机、信念、价值观等。个性心理特征则是指人的能力、气质与性格等。正是由于个性心理的千差万别，面对同一消费对象或环境刺激，不同的消费者才会产生完全不同的心理反应，并做出不同的行为表现。

（2）外部环境因素

消费者行为除了受自身生理与心理因素的支配外，还要受到客观事物或外部环境因素的影响和制约。影响消费者行为的外部环境因素极其复杂多样，而且几乎涉及人类生活的各个层面和领域。按其性质，可以将诸多外部环境因素分为自然环境因素和社会环境因素两大类。

①自然环境因素

自然环境因素包括地理区域、气候条件、资源状况和理化环境等。自然环境直接构成了消费者的生存空间，在很大程度上促进或抑制某些消费活动的开展与进行，因而对消费者的消费行为有着明显的影响。例如地域、气候，在很大程度上制约了消费者的消费行为。如炎热多雨的热带地区与寒冷干燥的寒带地区相比，消费者在衣食住行等方面的差异非常明显。同样是冬季，热带地区的消费者需要的是毛衣、夹克等轻微御寒的服装，而寒带地区的消费者则需要厚重保暖的大衣、皮衣、羽绒服等。

此外，资源状况对消费者行为也有影响，一些重要的资源出现紧缺，也会抑制消费者的消费需求。

②社会环境因素

与自然环境相比，社会环境因素对消费者的影响更为直接，内容也更加广泛。具体包括人口环境、社会群体环境、经济环境、政治法律环境、科技环境、文化环境等因素。

A.人口环境因素

构成人口环境的因素有人口总数、人口密度及分布、人口的年龄、性别、职业与民族构成、人口素质状况等。这些因素直接影响着消费者的消费活动。

B.社会群体环境因素

社会群体环境包括消费者所处的家庭、社会阶层、社会组织、参照群体等因素。

家庭是与消费者关系最为密切的初级群体。家庭的规模、类型等不同，消费者的购买内容、购买意向也会有明显不同。

图 2-46 面对教堂改建的而成的书店空间环境，不同的消费者会产生不同的心理反应（Merkx + Girod architects）

社会阶层是由具有相同或类似社会地位的社会成员组成的群体。处于不同社会阶层的消费者，由于其收入水平、职业特点不同，他们在消费观念、审美标准、消费内容和方式上也存在差异。

社会组织，如机关、学校、企业、军队、医院等，是消费者参与社会实践活动的主要场所，其工作性质及活动内容会给人们的消费生活带来某些限制和影响。

参照群体分为个人期望归属的向往群体和个人拒绝接受的疏远群体。各种参照群体会对消费者产生示范和诱导作用，消费者往往会不自觉地模仿、追随参照群体的消费方式。

C. 经济环境因素

经济环境包括宏观经济环境和微观经济环境。从宏观的角度看，对消费者行为影响最直接的就是国家的消费体制以及相关的消费政策。从微观角度看，如消费者在进行消费活动时，之所以选择某种品牌、某个店铺，很大程度上取决于商品的效用、质量、价格、款式、外观、广告宣传、商家信誉、售前售后服务等各种微观经济因素。这些都会直接影响消费者的消费选择。

D. 政治法律环境因素

政治法律环境涉及一个国家的政体、社会制度、社会稳定性以及相关法律的制定颁布等因素，这些因素都会直接或间接地影响消费者的消费心理，进而影响消费行为。

E. 科技环境因素

科学技术的迅猛发展，对消费者的消费内容、消费数量及消费方式产生的影响是不言而喻的。一方面，科技发展使人们的消费方式日益多样化，人们的消费活动不再受时间和空间的限制。例如，消费者可以亲自到商场去购物，也可以通过邮寄购物、电视购物、网上购物等途径购买到商品。另一方面，科技发展使人们的消费内容极大丰富，任何一类需求都可以找到不同档次、不同性能、不同价格、不同品牌的消费品。

F. 文化环境因素

文化环境因素对消费者行为的影响是潜移默化且根深蒂固的。正因为如此，文化环境因素对消费者的影响作用已经越来越为人们所重视。大量实例表明，不同国家、地区、民族的消费者，由于文化背景、宗教信仰、道德观念、风俗习惯以及社会价值标准不同，在消费观念及消费方式上会表现出明显差异。因此，在消费空间环境设计中，了解文化、尊重文化是设计的前提，也是设计的基础。（图 2-47、图 2-48）

图 2-47　具有东南亚风格的餐饮消费空间（Design Hotels）

图 2-48　具有中国传统风貌的餐饮消费空间（Joy Interior Design Studio）

5. 消费流程

由于购买动机、消费方式与习惯的差异，每个消费者的消费行为不尽相同，但千差万别的消费行为中，仍然有规律性的流程模式。（图2-49）

反馈
↓├────────────────────────────┤↓
识别需要➡搜集信息➡分析选择➡决定消费➡消费评价
图 2-49 消费流程

（1）识别需要：消费者受到内部和外部环境的刺激而对客观事物产生欲望和需求。

（2）搜集信息：确定目标，寻找满足其消费需要的最佳的目标对象。

（3）分析选择：对比、评价，挑选出最佳性价比和最大满足度的消费品。

（4）决定消费：试消费—重复消费—仿效消费。

（5）消费评价：反馈到消费活动的初始阶段，对消费者以后的消费行为产生影响。

6. 购物环境与消费行为

今天的消费者具有复杂的需求和欲望。有时他们的购物是纯功能性的，例如在尽可能短的时间内以尽可能低的价格购买商品。有时他们又希望在一个完整的购物体验中放纵自己——一个能反映他们的价值和品位的体验，一个使他们得到愉悦和满足的体验。这些方方面面的需求使消费活动变得复杂多变。本节通过对购物环境及其消费行为的系统分析，使设计师在购物空间环境设计中导入系统化的概念，营造出一个使顾客满意的成功商业空间。

（1）购物心理过程

顾客购物的心理过程，是设计师必须了解的基本内容，通过分析考虑然后设计对策，刺激消费者的购买欲望。顾客购物行为的心理活动过程，从接受刺激物的外界信息开始，可分为六个阶段，即认识阶段、知识阶段、评定阶段、信任阶段、行动阶段、体验阶段。这六个阶段又可概括为三种心理过程，即认知过程、情绪过程、意志过程。（图2-50）

① 认知过程（认识阶段—知识阶段）

这一过程是消费者购买行为的基础。人们认识商品的过程，往往是先有笼统的印象，再进行精细的分析，然后运用已有的知识、经验，综合地去加以联系和理解，通过人的感知、记忆和思维去完成。

在这一过程中，人的购物行为，常常离不开商品和环境的诱导。新颖、鲜明的商业广告，精美生

图 2-50 购物心理过程

动的橱窗展示，华丽考究的室内装潢和耐心热情的服务态度，都会给前来光顾的消费者留下很深的印象。（图2-51）

②情绪过程（评定阶段—信任阶段）

在这一过程中，情绪心理的产生和变化主要反映在购买现场。从消费者购买商品的过程分析，情绪活动来自商品环境的直接影响。当顾客步入一个装修典雅、温湿度适宜的商店时，情绪会随环境改变而改变。环境的积极诱导最容易激起顾客的兴趣，从而产生消费冲动。

在购买活动中，消费者情绪的产生和变化主要受商品、售货现场、个人情绪及社会环境因素的影响。（图2-52）

③意志过程（行动阶段—体验阶段）

在这一过程中，消费者将做出购物决定，实行购物。消费是人的生理需要和心理需要双重因素共同作用的结果。生理需要属于人的基本需要，当此需要得到满足之后，则开始转向更高层次的心理需要。就目前市场情况而言，消费者不但想得到所需的商品，而且更希望挑选自己满意的商品，还要求购物过程有舒适感，去自己喜欢的商店里购物。

（2）购物行为目的与动机

在消费环境中，有些人是带着他们需要购买东西的清单去购物的。他们来到货架前，取下他们需要的商品后付账离开。还有一些人希望投入新的世界，希望发现不一样的事物，寻找灵感，他们完全被环境所吸引。这些人在商店内闲逛，经常会冲动购物，然后带着所购买的商品高兴地回到家里，其实自己也并不清楚究竟买了些什么。在购买过程中总是会出现一些形形色色的消费者，他们购买的目的各不相同，但基于消费目的的共性，我们把消费者购物行为目的与动机分为三类。（表2-7）

图 2-51 独特的店面设计使商店从街道中脱颖而出，让顾客过目不忘（Ryusuke Nanki）

图 2-52 设计的魅力在于将商业空间转化为艺术空间（BAM）

表 2-7 购物行为目的与动机

类型	性质	表现
有目的购物	确定型	目光集中，脚步加快，直接寻找商品
有选择的购物	半确定型	脚步缓慢但目光集中，有购买动机但无明确准备
无目的的购物	不确定型	脚步缓慢、行动无规律。环境设计的目的主要是吸引此类"潜在购物"人群

（3）购物心理及对购物环境的要求

消费者的心理需要直接或间接地表现在购物活动中，这也就影响了购物行为。购物行为，按照消费心理学的观点是"需求"动机支配下的"需"和"求"的实施过程。由于不同顾客的需求目标、需求标准、购物心理等差异，会表现出各色各样的购物行为，但有几点是共同的，如求好、求廉、求新、求名、求便、求实、求美的购物心理要求。（图2-53、图 2-54 ）

这种购物心理对购物环境表现出以下五个方面的要求。

①购物环境便捷性

对于大多数顾客来说，只要商品价位相同，其购物表现是就近购买，甚至稍贵一点，也在近处购物。在商品社会的今天，"时间就是金钱"的概念，也使商品经营的业主懂得，商业地段选择非常重要。此外，环境的便捷性不仅表现在商店位置的选择上，在商店内部，同样存在选购商品便捷的问题。

②购物环境选择性

顾客为获得价廉物美的商品，只能通过多方比较、多样选择、多处观察、多种认识等才能完成。俗话说"货比三家不吃亏"，说明购物选择的重要。

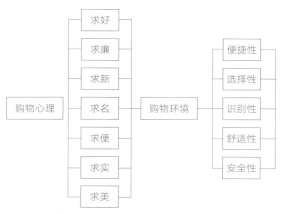

图 2-53 购物心理及对环境的要求

按此要求，购物环境应该是具备多家商店，多种商品、多样花色、多方信息的整体购物环境。这也是商业聚集效应产生的根本原因。（图 2-55 ）

图 2-54 精心设计的"零售实验室"汇聚了世界领先的时装、餐饮和生活方式品牌，每一处细节都体现了奢华的本质（BIG）

图 2-55 现代购物场所倾向于集购物、娱乐和公共休闲于一体的商业综合体（Kokaistudios）

③购物环境的识别性

在同一地区、同一条街上，会有许多经营相同商品的店铺。如何使顾客找到他所信任的店铺，这就涉及商店识别性的问题。因此，在创建商店形象时，许多商店不仅在商品价位、服务质量等方面优于其他商店，还注意它的形象是否能吸引顾客，并且在顾客心中打上很深的烙印，这就促使商店在造型和装修的特殊性上做出要求。此外，识别性问题也反映在商店出入口、商店内部的空间形态，甚至是某一组柜台的位置上，能让顾客进入商店一眼就能找到他所信任的那个售货点。（图2-56）

④购物环境的舒适性

对于有选择性的购物者、无目的的购物者来说，逛商店是普遍的行为特征。这就要求舒适的购物环境能使其停下来。

舒适性问题反映在以下几个方面：商店周围的环境、店内温度、交通情况、环境气氛、休息场所等。（图2-57）

⑤购物环境安全性

购物环境安全性首先反映在商店的企业形象上，"货真价实"这是安全性的第一标志，也是最能吸引顾客之所在。第二，安全性也反映在店铺空间尺度和设备上。如购物停留空间太小，在人群拥挤的地方，顾客是不敢掏钱包的，这是普遍的购物

图2-56 简洁、醒目、具有构成感的店面设计使Dior品牌店更具识别性（Christian de Portzamparc）

图2-57 购物环境的舒适、人性，使顾客有一种愉悦、亲切之感（Studiopepe）

心理。同时，商店的消防疏散问题，也是顾客关心和业主必须考虑的问题。除此以外，防盗问题是店铺特别是经营贵重物品的商店，也是环境设计师必须要解决的问题。

总之，对顾客购物行为与心理的分析涉及行为学、消费心理学、社会心理学等人文科学领域；对卖方营销活动的了解涉及掌握商业营销、市场学等经济管理学科的一些初步理论基础。只有综合运用各学科领域交错发展，相互融合形成的系统化观点来分析、判断、决策，才能设计出真正受买卖双方欢迎的空间环境。

7. 餐饮环境与消费行为

人们经历了从吃饱到吃好的阶段后，吃正逐渐演变成一种文化消费，在品尝美味佳肴的同时，开始关注用餐环境的文化氛围与个性化。回顾以往，观看现在，展望未来，人类的消费行为主要表现为果腹型消费、温饱型消费、舒适型消费和保健型消费。各种消费行为对餐饮环境的要求各不相同。（图2-58、表2-8）

表 2-8　餐饮环境与消费行为

类型	特征	环境要求
果腹型消费	填饱肚子	对饮食环境毫无要求，餐饮环境得不到发展
温饱型消费	吃饱，不挨饿	对饮食环境有一定的要求，最根本的目的是建立一个饮食场所，逐渐出现餐饮设计行为
舒适型消费	将饮食文化作为一种享受	对饮食和餐饮环境提出了高要求，出现了餐厅设计，形成环境氛围各异的"风味餐厅"
保健型消费	将餐饮文化作为人体健康保证的一种行为表现	提倡绿色健康食品，不仅给饮食加工提出了高要求，同时对饮食环境也提出了科学的要求

三、行为特征

世界是物质的，物质世界是系统的。今天，系统的概念已经渗透到社会生活的各个领域，并且影响和改变着人们的生活和工作方式。空间环境设计这一领域当然也不例外。社会的系统化特征、各学科的交叉发展、专业知识的广泛性都决定了空间环境设计朝着系统化的方向发展，并且必然会促进空间环境功能配套行为的出现。

在此，我们以人的环境行为为出发点，探讨空间环境功能的配套行为。

人和环境交互作用所引起的心理活动，其外在表现和空间状态的推移，称之为环境行为。行为是多样的，有教育行为、管理行为、商业行为、办公行为、娱乐行为、防卫行为、文教行为、居住行为、餐饮行为等。不同环境的刺激作用、人类自身不同的需求、社会不同因素的影响，所表现出的环境行为与配套功能构成是各不相同的。

图2-58　富有中国文化意境的中餐厅——10万块异形的不锈钢砖与40万块琉璃羽毛构成了餐厅的基本形态，形成独特的空间体验。（共和都市）

1. 居住行为与配套功能空间构成（表2-9）

表2-9 居住行为与配套功能空间构成

	分类	功能空间构成
居住环境	道路设计 停车场设计 公共设施设计 公共绿地设计 植物设计	前厅设计 起居室设计 书房设计 工作室设计 卧室设计 厨房设计 休闲室设计 储藏室设计 浴厕设计 客厅设计
	居住景观	别墅式住宅 公寓式住宅 集合式住宅 院落式住宅

居住的功能正是基于人的行为活动特征而展开的。深入了解和分析人的居住和行为需求，从环境与人的行为关系进行研究。

原始人为躲避风雨等的自然侵害而寻找栖身的巢穴，这是人类最原始的居住行为。进入文明社会，人们对居住场所有了明确的分工：为满足饮食要求，则表现出炊事行为，设置了厨房和餐厅；为满足人际交往需要，表现出接待行为，设置了起居室；为满足休息的要求，表现出睡眠行为，设置了休息室和卧室，等等。这就构成了文明社会里人类居住行为所要求的居住环境。（图2-59）

2. 商业行为与配套功能空间构成（表2-10）

表2-10 商业行为与配套功能空间构成

	分类	功能空间构成	
商业环境	商店环境 商场环境 餐饮环境 外部环境	商业建筑设计 门厅设计 营业厅设计 餐厅设计 酒吧设计 茶饮设计 展示区设计	工作房设计 卫生间设计 道路设计 公共绿地设计 公共设施设计 植物设计 停车场设计

商业空间环境是在商品交换中发展起来的。它

起居室——材质、色彩的选择凸显了原始的时代气息

开放式厨房

阁楼楼梯

二层楼梯口

浴室

卧室

图2-59 密歇根世纪阁楼住宅改造（Vladimir Radutny Architects）

是消费市场买卖双方进行商品交易活动的地方。没有商品交换，就没有商店。从远古的以物易物到集市贸易，再到设摊开店，最后到现代的综合商店、超级市场、购物中心，都说明了商业行为与商业环境的关系。商业行为表现在两个方面：一是消费者的购物，二是营销者的商品出售。不同的行为表现，对环境提出了不同的要求。总之，商业环境就是根据人的商业行为特性和表现，运用设计手段，综合解决购物和销售两者的关系，创造一个既能满足消费者需求又能满足业主需求的商业环境。（图2-60、图2-61）

图2-60 东京银座商业环境廊架设计

3. 餐饮行为与配套功能空间构成（表2-11）

表2-11 餐饮行为与配套功能空间构成

	分类	功能空间构成
餐饮环境	中餐厅 西餐厅 风味餐厅 自助餐厅 快餐厅 宴会厅 咖啡厅 酒吧	入口设计 大堂设计 包房设计 服务台设计 展示区设计 工作房设计 卫生间设计 公共设施设计 停车场设计

在本章消费特征中，我们已经对消费环境与消费行为做了分析与总结，并且明确了不同时期人们对餐饮消费及餐饮环境的需求是不同的。

目前，人们对餐饮环境又提出了新的要求，餐饮环境不再是一个单一的空间环境，而是餐厅、宴会厅、咖啡厅、酒吧及厨房的总称，其中餐厅包括：中餐厅、西餐厅、风味餐厅、自助餐厅。中餐厅又可分为粤菜、川菜、鲁菜、淮扬菜等特色菜系。除此以外，人们更关注用餐环境的文化氛围与个性化，希望在一个与自己心理与情感特征相吻合的环境中用餐。总之，不管餐饮环境如何发展，餐饮空间功能构成始终是遵循人的餐饮行为来组织的。（图2-62）

图2-61 上海K11商业空间廊架设计（TJAD）

入口设计——光滑的黑色背漆玻璃与粗糙的白洞石形成材质与色彩对比，具有强烈的视觉效果

整齐划一的大堂一端

大堂设计——采用弧形沙发划分空间，弧线不仅是个性化强、变化丰富的空间线形，还具有强烈的空间导引作用，而且能营造出特殊的空间形态

灯光、色彩的运用使其成为一个具有氛围的小空间环境

包房设计——玻璃板条墙的使用使大厅与包房空间通透

汤池展示区设计——不用汤罐而用壁炉煨汤，不锈钢与耐火砖形成了强烈的质感和色彩对比，既简约又现代

图 2-62　"汤师傅"中餐厅设计案例（作者）

4. 办公行为与配套功能空间构成 （表2-12）

表2-12　办公行为与配套功能空间构成

	分类	功能空间构成	
办公环境	行政办公环境 专业办公环境 综合办公环境	前厅设计 员工办公区设计 经理室设计 总经理室设计 财务室设计 机房设计 茶水间设计 休闲区设计	会议厅设计 阅览室设计 卫生间设计 内部环境设计 外部环境设计

　　办公环境是企事业员工的工作场所，合理而舒适的办公环境，对提高工作效率有着重要且直接的作用。它同时也是企事业办公性质、实力和形象的体现。办公环境按使用性质可分为行政办公（机关、团体等事业单位）、专业办公（设计机构、科研、金融、贸易等专业场所）、综合办公（商业中心、公寓、娱乐设施等形式场所）三大类型。办公空间功能构成也是遵循人的行为特征来组织的。（图2-63）

5. 教育行为与配套功能空间构成 （表2-13）

表2-13　教育行为与配套功能空间构成

	分类	功能空间构成	
文教环境	学校环境 图书馆环境 幼儿园环境	门厅设计 过厅设计 中庭设计 休息厅设计 学生工作室设计 活动室设计	教室设计 会议厅设计 学术报告厅设计 阅览室设计 管理房设计 卫生间设计 外部环境设计

休闲室

公司入口

走廊侧面设有带软垫的嵌入式座位

共享办公空间1

共享办公空间2

图2-63 Intive 公司办公室大量木材、软垫家具和色彩鲜艳的内饰的使用为公司营造出咖啡馆般的舒适氛围（ MIXD ）

21世纪的世界，第一生产力是人才，人才则是需要系统而科学的培养和"孵化"，可想而知教育的重要性。从幼儿开始，我们就开始接受教育，知识也随着学习的过程而得到积累。就学校教育而言，从以前的应付考试的单纯的知识灌输，到现在的承认多样性、尊重个人才能和思想情操教育模式

的转变，其教育环境也发生着巨大的改变。总之，良好的教育环境应该是从人的行为出发，满足其功能要求，并且能使学生找到场所感，找到心灵的依托，促进其多方面才能共同发展的空间环境。（图2-64）

前厅接待厅

教室

前厅接待厅及休息区

开放式的儿童游戏区，明亮而怡人，孩子们可以围绕柱子自由的奔跑

教室的游戏区，极力创造一个温暖简约、诗意且具有艺术的世界

符合儿童生理需求的卫生间

校园通往夹层的楼梯

图 2-64 上海佘山常菁藤国际幼儿园为孩子们创造第二个家（ELTO Consultancy）

6. 休闲行为与配套功能空间构成（表 2-14）

表 2-14　休闲行为与配套功能空间构成

	分类	功能空间构成
休闲交往环境	旅游环境 （旅馆环境、 游艺场环境）	大堂设计 客房设计 舞厅设计 会议厅设计 餐饮室设计 健身房设计 管理区设计 游艺场设计 卫生间设计 内庭设计 精品店设计
	观演环境 （剧场环境、 电影院环境）	休息厅设计 观众厅设计 排演厅设计 化妆室设计 卫生间设计 控制室设计 管理房设计
	公共环境 （音乐厅环境、 广场环境、 公园环境、 道路环境）	公共设施设计 公共绿地设计 植物设计 交通设计 边界设计 餐饮设计 无障碍设计

在满足了物质需求之后，人们开始追求更高层次的精神需求。休闲和交往行为的需求就体现于此。

成功地支配和利用闲暇时间是发达国家社会进步和提高人的素养的一个很重要的表现。人们开始认识到"闲"在其生命中的价值，闲暇时间的合理支配与利用便成为全社会普遍关注的话题，而"休闲教育"则成为人生的必修课，通过休闲教育使每个人都有时间去培养个人兴趣，发展多方面的才能。此外，选择休闲的方式实际上也是对生活方式的选择。良好的生活方式，不仅有益于人的身心健康、有利于实现自身价值，还能提高其生活质量及促进良好的社会生态环境的形成。

从人的这种特征出发，将休闲交往环境分为了旅游环境、观演环境、公共环境三大类，空间功能构成同样是遵循人的行为特征进行组织的。（图 2-65 至图 2-67）

图 2-65　高速高架桥之下，曾经无人问津的荒废土地如今成为活力十足的公共公园，为周边市民的休闲娱乐和社会交往提供着空间——多伦多桥下公园（PFS Studio + The Planning Partnership）

图 2-66　城市中自然生态的公共交往空间——科佩尔中央公园 （ENOTA）

图 2-67　接待大厅采用白色的空间气氛，提升了空间的包容感，使有限的空间产生优雅的情绪——什切青爱乐音乐厅（Barozzi Veiga）

7. 医疗行为与配套功能空间构成（表2-15）

表2-15 医疗行为与配套功能空间构成

分类		功能空间构成
医疗环境	医院环境 （门诊部环境、 疗养院环境）	门厅设计 诊室设计 治疗室设计 病房设计 休息厅设计 辅助空间设计 卫生间设计 公共设施设计 公共绿地设计

医院是一个特殊的空间环境，这种空间系统包含着更多综合性的要素，这些要素必须按一定的内在关系形成有序的子系统。人的行为、流线、布局、功能分区这些要素都决定着医院环境是否能被合理、高效地利用。

现代化、数字化、信息化的管理模式和经营方式的引入，使医院更能满足现代人生活方式，满足医患双方不同层次、不同方面的需求。同时，社会的进步与人们日益增长的各种需求同步发展，医院空间也从单纯提供医疗服务扩展到提供各种公众服务。众多的公共服务设施被运用到医院的公共空间，各种各样的空间塑造手段，试图使患者忘却自己正置身于医院，用一种轻松平和的心态面对整个就医过程。总之，现代化的医院，不仅仅是建筑、设备、技术的现代化，更是"人"的现代化，从"人"这个基点塑造医院空间，赋予空间以人的情感和人的情绪。（图2-68）

医院大厅

候诊区以自然环境为主题——关照到儿童、青少年和家长三个不同的群体

会诊区以宇宙为主题

治疗区以赛车场为主题

图2-68 瓦尔德希伯伦大学医院儿童肿瘤与血液病中心，小病患和他们的家人可以获得药物上的、情感上的以及个人需求上的护理与无微不至的关怀（toormix）

8. 交通行为与配套功能空间构成（表2-16）

表2-16 交通行为与配套功能空间构成

	分类	功能空间构成
交通环境	车站环境 候机环境 候船环境 道路环境	休息厅设计 等候厅设计 商业区设计 检票区设计 卫生间设计 辅助空间设计 节点设计 停车场设计 地下出入口设计 隧道设计 路面设计 植物设计 人行道设计 公共设施设计

交通是从事旅客和货物运输的行业，包括铁路、公路、水路、航空四种方式。每一种运输方式都有其对应的空间环境，并且空间环境的功能和空间构成及流线都是根据人的特定行为来划分和组织的。（图2-69）

四、知识特征

空间环境设计系统是指应用系统化的观点和方法，对设计项目的内容和要素与相关的领域、环节，以及空间设计的程序进行统筹分析而形成的一个框架体系。可分为横向设计系统和纵向设计系统两个方面。

1. 横向设计系统

横向设计系统强调相关与联系，表现为在设计过程中所涉及的如生理学、心理学、行为科学、自然科学、人文科学、生态学、人体工程学、材料学、声学、光学、经济学等诸多因素。一般而言，对于

深圳市国贸站——运用相同规格材料的不同排列方式和对细节的刻画，通过强化线的视觉感受，点明了速度这一主题

深圳市大剧院站——运用天花板及柱子的相同黑白造型，隐喻钢琴键盘

深圳市少年宫站——站厅层采用七色柱子来表达儿童心中特有的彩色世界

图2-69 明快的格调、简约的手法、个性化的创意、标识性的艺术品，构筑了深圳市地铁车站的主旋律（姜峰）

空间环境设计单个项目，其横向系统要考虑的设计子系统包括如表2-17所示几个方面。

表 2-17　横向设计系统主要子系统

专业系统	有关要素
环境系统	环境的整体氛围、气候特征、空间的连通等
生态系统	各种生物群落与环境之间的能量流动和物质循环等
建筑系统	建筑空间的功能、形体的完善和意境的创造等
结构系统	结构部件的处理，承重结构的分析等
照明系统	灯具布置、照度要求、照明方式等
冷暖调节系统	空间设计与冷暖供应设备、冷暖调节系统的关系等
给排水系统	卫生间设计、洁具的布置，水景、瀑布与水循环的设置等
交通系统	车行道、步行道、坡道、梯步、电梯等交通设施的处理等
消防系统	报警器、喷淋头、消火栓、消防车道的设置等
导视系统	空间中标识、广告、指示牌、灯箱的造型和布置，各种信息播放系统的布置
陈设系统	绿化、家具、灯具、艺术品的选配等

2. 纵向设计系统

纵向设计系统强调设计系统的过程性。整个设计是一个循序渐进的过程，这个系统的组成如图2-70所示。

总之，在空间环境系统中，横向系统与纵向系统是紧密结合在一起的。当我们对空间环境设计进行理论研究时，采用系统工程的方法和策略，以纵向系统为脉络、横向系统贯穿其中对空间环境设计进行系统的分析，从而找出设计的关键环节，提出可行的解决方案。

设计项目说明

程序编制

草图和概念拓展

提交设计方案

设计深化

设计终稿和书面文本

实施：施工和安装

评估和储存

图 2-70　纵向设计系统组成

五、方法特征

严格遵循科学的设计流程是空间环境系统化设计的一个重要的方法特征。在设计过程中，即使是最简单的项目也会在解决设计问题的系统处理中获益。每个项目都应以科学的设计流程进行处理，从概念到方案，从方案到施工，从平面到空间，每个环节都要接触到不同专业的内容，只有将这些内容高度地统一，才能在空间中完成功能与审美达到完美统一的设计方案。具体系统化设计流程将在本书第三章进行详细介绍。

第二节　空间环境系统化设计方法

空间环境系统化设计方法是将空间环境设计这一研究对象，纳入系统化思想和系统操作的过程中，从系统科学的角度和高度进行梳理、概括及深化，从而总结出具有系统化思维特征的方法。它以空间环境设计探索系统科学为原理，其意义是把设计和系统科学的相关知识有机地联系起来，它的精髓在于运用系统科学的原理对空间环境设计做出科学的方法论探索。遵循严谨的设计流程是空间环境系统化的一个重要的思维方法，但又不能死搬硬套，针对每一个项目有具体的方法与流程。因此，针对每一个具体的设计项目，提出关键性的问题，从而建立顶层的设计框架，是系统化方法的本质特征。只有将设计的系统化思维应用在流程之中，使其高度地统一，才能完成逻辑清晰、策略精准的设计。以下为了便于阐述，我们从分析类、应用类、表达类三个方面阐述空间环境设计的系统化方法。

一、分析类系统化方法

分析类系统化方法是帮助设计师去除主观性，由感性上升到理性的一种思考方法。它是以人的体验为导向、以服务为宗旨引导的一种设计思维。分析类系统化方法根据系统化的设计特征可将5W2H分析法、SWOT分析法、四象限分析法等作为空间环境系统化设计的思考方法。这些工具确实能够帮助我们从凌乱的现象和思维中，进行思维模型系统化、模块化，从而达到精准判断的目的。

1.5W2H 分析法

5W2H 分析法又叫美国陆军提问法，是针对凡事都有人物、时间、地点、事件、原因和发展的基本特征，提出七个方面的问题，以便发现问题或做出正确决策。发明者通过五个以"W"开头的英语单词和两个以"H"开头的英语单词进行设问。Why: 为什么，What: 做什么，Who: 谁，When: 什么时候，Where: 什么地点，How to: 怎样，How much: 多少（图2-71）。这七个问题都是呈现出事物的现实性属性，让设计师从缥缈的理想化状态跌落到事物的真实状态之中。

空间环境系统化设计在系统化原则中，对一个事物形象的把握，一般是通过对它整体效应的获得，而不会先注意到事物的细部形式。所以在设计过程中，可以引出5W2H

法这七个问题，对于事物发生的根源和现状直接地提出问题，让设计师直面问题的时候，强迫自己思考问题之间的关系，回答问题即构成一种思维模型。5W2H 这种问题式分析方法的使用，可以将空间环境设计的立意、构思、风格和环境氛围的创造，都着眼于对环境整体性的现实要素考虑。（图2-72）

2.SWOT 分析法

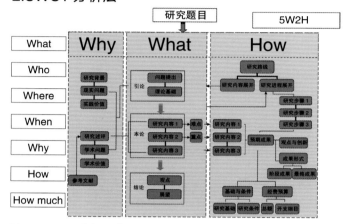

图2-71 5W2H 分析图1 [图片来源: 四川美术学院科研创作研究（王天祥）]

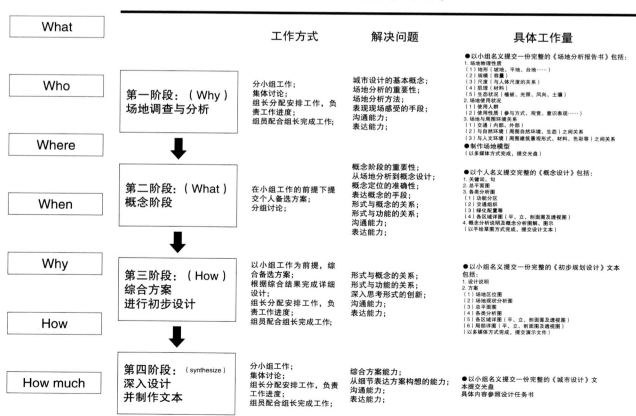

图2-72 5W2H 分析图2 [图片来源：城市设计课程框架（黄红春、韦爽真）]

SWOT 是 strengths（优势）、weaknesses（劣势）、opportunities（机会）和 threats（威胁）四个单词的首字母缩写。前两者代表设计的内部因素，后两者代表设计的外部因素（图 2-73）。这些因素皆与设计项目所处的环境息息相关。我们在系统化设计原则中，不但要构思好空间环境设计，而且还要取得很好的效益，这样才具备现实的可操作性。而设计的效益应该体现为环境、社会、经济三个效益的统一。SWOT 分析法的使用能帮助设计师系统地分析了解当前市场、用户、竞争对手和服务，为设计师在空间环境设计中指明设计方向。（图 2-74）

3. 四象限分析法

四象限图，又叫二维象限图。四象限分析法（又称为波士顿矩阵图法）简称 BCG 法，是由美国著名管理咨询公司波士顿咨询集团（Boston Consulting Group, BCG）于 20 世纪 70 年代创立，用于评价一个公司内部各单位的现状，从而帮助公司对其所属单位在未来采取相应对策的分析研究方法。

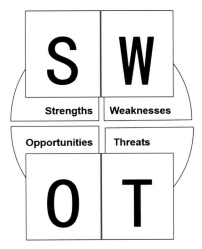

图 2-73 SWOT 分析图

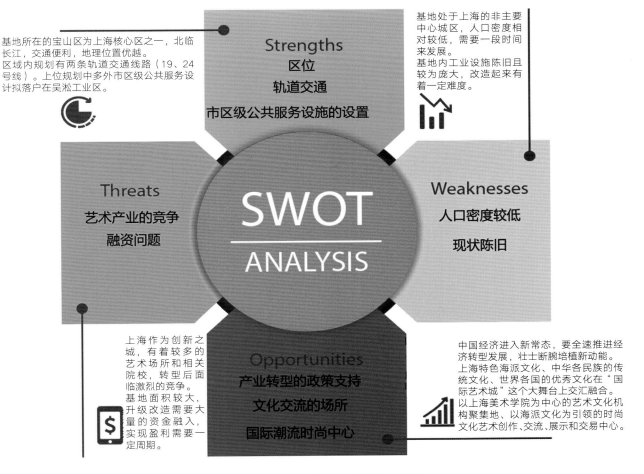

图 2-74 SWOT 分析图（来源：同济大学设计学院）

四象限分析法是指设计在平面内通过对两组相互独立的指标（属性、性质、特征）的正反两个方向进行两两组合，最终将事物划分到四个组合区域，对每一个区域进行分析并制定相应的策略。用二维四象限分析法来分析问题，会让我们的思维更完整、更辩证，以便帮助我们从"非此即彼"的二分法里解放出来，以两个"对立统一"的重要属性作为依据，画出四象限图，分别讨论情况，逐个解决问题。（图2-75）

四象限分析法是一种从现象中发现事物本质的抽象性思维分析方法。帮助设计师抛开表象、假象的干扰，深刻认识到项目的深层因素和价值而进行深度思考的分析工具。特别对于经济、社会、生态多重复合的项目，进行价值判断，做出进一步分析，象限分析具备了很强大的功能与效果。

二、应用类系统化方法

应用类系统化方法是设计在筹备设计项目、探索发现、定义设计问题，到开发创意概念、评估决策中，帮助设计师在设计过程中反思自己的定位，能更有效、准确地辅助设计师合理应用系统思维的方法发现思维盲区，诊断设计。空间环境系统化设计的应用类系统化方法可以分为罗盘工具、战略轮两种方法。

1. 罗盘工具

罗盘工具是利用磁针在地磁作用下能始终保持和本初子午线平行这一原理制成的具有指示方位作用的简单仪器，罗盘工具除了可以指示方向，还能用于观测、堪舆占卜等。（图2-76）

通过罗盘工具，设计师针对具体项目，编制设计要素之间的层级关系，并从横向与纵向同步观测，发现设计中的各种可能性与交互性（图2-77）。在具体应用中，设计师更充分地尝试设计的试错路径，深入地掌控设计要素之间的关系。

2. 战略轮

战略轮是一种帮助设计师评估设计各要素在整体作用中权重分值的方法。用于评估不同设计要素

图 2-75 四象限分析法（图片来源：《从用户体验到体验设计》）

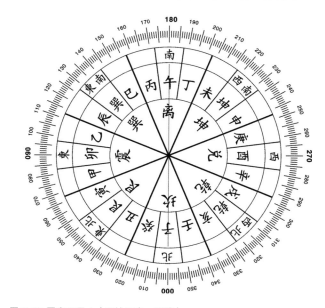

图 2-76 罗盘工具 1（图片源自：网络）

图 2-77 罗盘工具 2（图片源自：网络）

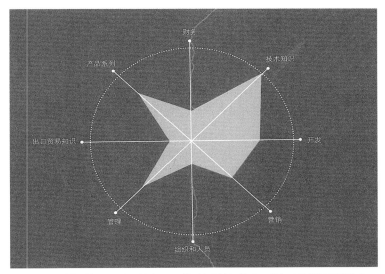

图 2-78 战略轮分析图 1（图片来源：《设计方法与策略：代尔夫特设计指南》）

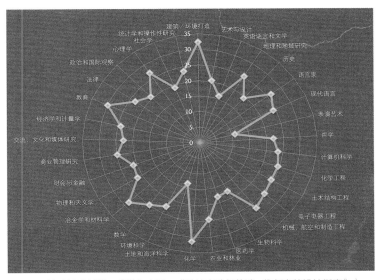

图 2-79 战略轮分析图 2（图片来源：《设计方法与策略：代尔夫特设计指南》）

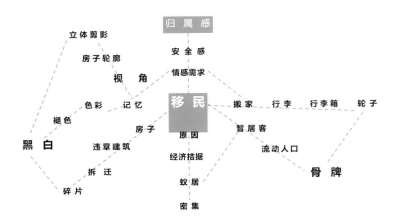

图 2-80 思维导图（公共艺术）

或者方案，依据不同方面的设计要求展示各种设计要素的分值（图 2-78）。并且通过战略轮的诸多变式，测定设计主干影响因素，预判设计的着力点与方向，最终选出最具可行性的设计策略。

在设计过程中，通过战略轮的介入，帮助设计师提炼各项设计要素，量化各要素的影响幅度，并且将其呈现在同一纬度之中（图 2-79）。所以，战略轮可以很直观、清晰地反映设计师对项目各要素之间的理解，让设计战略体现了真实的可行性理由。

三、表达类系统化方法

1. 思维导图

思维导图是一种视觉表达形式，展示了围绕同一主题的发散思维与创意之间的联系。设计的发散性思维特征容易让大脑偏执于某一个方面而丢失思维相互关系的链接（图 2-80）。思维导图帮助大脑呈现出相关关系发生的链接。

在设计过程中，思维导图能直观整体地呈现一个设计思维的过程，对于反复梳理设计的初始阶段与过程十分有用。思维导图的使用使空间环境系统化设计中出现的种种问题、要素处于一种动态的平衡之中，它要求参与设计的各环节之间通过沟通、对话来协调矛盾和利益冲突，并由此构成系统体系。反复校正思维导图中各要素的主次关系，进一步梳理出设计的逻辑，这种表达方式的不断优化和调整也呈现出设计思维的清晰过程。（图 2-81）

2. 流程树

　　流程树是根据空间环境设计在设计中所经历的各项行为绘制而成的示意图，此示意图可以让设计师从空间环境设计的全局去考虑设计问题并制定设计的逻辑层级。在空间环境系统化设计过程中，系统化设计的方法系统里所具备的有机联系要素有：设计目标和方向，分析所要解决的目标、背景、约束条件和假设，调研搜集的相关资料和数据，分析、综合各种可能性，提出可供选择的方案，对这些方案做出分析，权衡利弊，选出其中的优选方案并提出优化方案的准则，具体设计出能体现最优方案的系统，确立为达到目标而必须运用的工具和手段，遵循有效的程序方法，进行系统的评价，分析

是否达到预期结果（图2-82）。流程树可以将系统化设计里具备的各个有机要素绘制成设计示意图，使空间环境设计在其设计过程有一个整体性的结构性概述。在设计过程中帮助设计师做出许多影响此后设计利益相关者各项行为的重要决定。

　　以上各种系统类设计方法在空间环境系统化设计过程中根据具体项目性质和特征的不同而发挥不同的作用。系统化方法是在总结设计思维的普遍规律上形成的，它既具有规律上的普遍性，又具有应用上的灵活性，转变感性的单一层面思考为多面多维的思考并形成自身的逻辑框架，是系统化设计方法的本质。

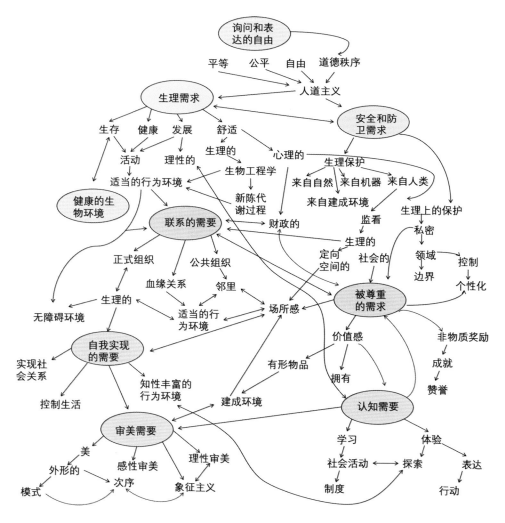

图 2-81 思维导图（［英］卡莫纳《城市设计的维度：公共场所——城市空间》）

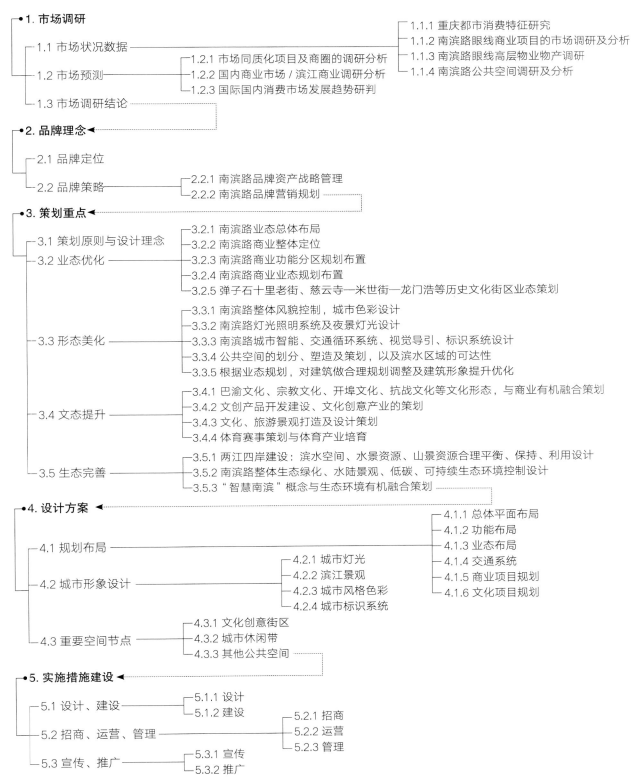

五个主要流程：► 市场调研➡品牌理念➡策划重点➡设计方案➡实施措施建议

● 1. 市场调研

　— 1.1 市场状况数据 ————————————　┌ 1.1.1 重庆都市消费特征研究
　　　　　　　　　　　　　　　　　　　　├ 1.1.2 南滨路眼线商业项目的市场调研及分析
　— 1.2 市场预测 ——— ┌ 1.2.1 市场同质化项目及商圈的调研分析　├ 1.1.3 南滨路眼线高层物业物产调研
　　　　　　　　　　　├ 1.2.2 国内商业市场 / 滨江商业调研分析　└ 1.1.4 南滨路公共空间调研及分析
　　　　　　　　　　　└ 1.2.3 国际国内消费市场发展趋势研判
　— 1.3 市场调研结论

● 2. 品牌理念 ◄

　— 2.1 品牌定位

　— 2.2 品牌策略 ——— ┌ 2.2.1 南滨路品牌资产战略管理
　　　　　　　　　　　└ 2.2.2 南滨路品牌营销规划

● 3. 策划重点 ◄

　— 3.1 策划原则与设计理念　　┌ 3.2.1 南滨路业态总体布局
　— 3.2 业态优化 ——————├ 3.2.2 南滨路商业整体定位
　　　　　　　　　　　　　├ 3.2.3 南滨路商业功能分区规划布置
　　　　　　　　　　　　　├ 3.2.4 南滨路商业业态规划布置
　　　　　　　　　　　　　└ 3.2.5 弹子石十里老街、慈云寺—米世街—龙门浩等历史文化街区业态策划
　　　　　　　　　　　　　┌ 3.3.1 南滨路整体风貌控制，城市色彩设计
　— 3.3 形态美化 ——————├ 3.3.2 南滨路灯光照明系统及夜景灯光设计
　　　　　　　　　　　　　├ 3.3.3 南滨路城市智能、交通循环系统、视觉导引、标识系统设计
　　　　　　　　　　　　　├ 3.3.4 公共空间的划分、塑造及策划，以及滨水区域的可达性
　　　　　　　　　　　　　└ 3.3.5 根据业态规划，对建筑做合理规划调整及建筑形象提升优化
　　　　　　　　　　　　　┌ 3.4.1 巴渝文化、宗教文化、开埠文化、抗战文化等文化形态，与商业有机融合策划
　— 3.4 文态提升 ——————├ 3.4.2 文创产品开发建设、文化创意产业的策划
　　　　　　　　　　　　　├ 3.4.3 文化、旅游景观打造及设计策划
　　　　　　　　　　　　　└ 3.4.4 体育赛事策划与体育产业培育
　　　　　　　　　　　　　┌ 3.5.1 两江四岸建设：滨水空间、水景资源、山景资源合理平衡、保持、利用设计
　— 3.5 生态完善 ——————├ 3.5.2 南滨路整体生态绿化、水陆景观、低碳、可持续生态环境控制设计
　　　　　　　　　　　　　└ 3.5.3 "智慧南滨" 概念与生态环境有机融合策划

● 4. 设计方案 ◄

　　　　　　　　　　　　　　　　　　　　　　　　┌ 4.1.1 总体平面布局
　　　　　　　　　　　　　　　　　　　　　　　　├ 4.1.2 功能布局
　— 4.1 规划布局 ————————————————├ 4.1.3 业态布局
　　　　　　　　　　　　　　　　　　　　　　　　├ 4.1.4 交通系统
　— 4.2 城市形象设计 ——— ┌ 4.2.1 城市灯光　　　　├ 4.1.5 商业项目规划
　　　　　　　　　　　　　├ 4.2.2 滨江景观　　　　└ 4.1.6 文化项目规划
　　　　　　　　　　　　　├ 4.2.3 城市风格色彩
　　　　　　　　　　　　　└ 4.2.4 城市标识系统
　— 4.3 重要空间节点 ——— ┌ 4.3.1 文化创意街区
　　　　　　　　　　　　　├ 4.3.2 城市休闲带
　　　　　　　　　　　　　└ 4.3.3 其他公共空间

● 5. 实施措施建设 ◄

　— 5.1 设计、建设 ——— ┌ 5.1.1 设计
　　　　　　　　　　　　└ 5.1.2 建设　　　┌ 5.2.1 招商
　— 5.2 招商、运营、管理 ——————├ 5.2.2 运营
　　　　　　　　　　　　　　　　　　└ 5.2.3 管理
　— 5.3 宣传、推广 ——— ┌ 5.3.1 宣传
　　　　　　　　　　　　└ 5.3.2 推广

图 2-82 流程树分析图（项目来源：重庆市设计院城市设计分院《南滨路城市设计战略规划》）

■ 教学引导 ■

■ **教学目标**　本章通过对空间环境系统化设计特征（环境特征、消费特征、行为特征、知识特征、方法特征）、空间环境系统化设计方法（分析类系统化方法、应用类系统化方法、表达类系统化方法）两个方面的讲解，以期树立学生的空间环境系统观念，对空间环境设计进行系统审视、系统思考、系统剖析，从而建立系统化、科学化、与社会发展相符的现代空间环境设计观。

■ **教学手段**　本章采用多媒体教学的方式进行图文并茂的理论讲授，以教师为主导与引导学生自学相结合的教学方法，充分发挥学生学习的主观能动性，注重知识的形成过程和实用价值，引导学生对课程内容展开讨论，增强对课题的理解与认识。

■ **重点**　掌握空间环境系统化设计特征，了解空间环境设计的原则及方法。

■ **能力培养**　通过本章的学习，培养学生树立空间环境系统观，运用系统的设计方法提高学生解决问题的能力，潜移默化地提升他们的专业素养。

■ **作业内容**　通过本章的学习，完成能体现出空间环境系统化设计特征和方法的功能环境空间内涵的课题设计，并讲述设计理念。

3

空间环境系统化设计实务

空间环境系统化设计实务

在生活、休闲或是工作中，无论我们做什么事，都会有一个"先做什么、接着做什么、最后做什么"的先后顺序，这就是我们生活中的流程，只是我们没有用"流程"这个词汇来表达而已。流程就是做事的方法，它不仅包括先后顺序，还包括做事的内容。科学分类的方法要依靠严密的程序来保证。由于空间环境设计是一个相对复杂的设计系统，其本身具有科学、艺术、功能、审美等要素，在理论体系与设计实践中涉及相当多的技术与艺术门类，因此在具体的设计运作过程中必须严格遵循科学流程。

第一节 空间环境系统化设计流程

空间环境系统化设计流程可以分为以下几个步骤，即设计项目说明、程序编制、草图和概念拓展、提交设计方案、设计深化、设计终稿和书面文本、实施（施工和安装）以及评估和储存的流程，每个设计项目的处理都应以这样的顺序按部就班地进行。并且每一个环节都要接触不同专业的内容，只有将这些内容高度统一，才能在空间环境中完成一个既符合功能又具有审美倾向的设计方案。同时，能合理安排有序的工作方法、具有较高的设计项目管理的能力本身也反映了一个职业设计师的水平，他们能给予客户效率和质量的保证。因此，空间环境设计师必须为设计项目制定出一个严格的时间框架，严格按照空间环境系统化流程来完成设计项目。（图 3-1、表 3-1）

一、设计项目说明

设计项目说明指的是将接手的设计项目给出明确清晰的定义说明。设计项目应简要表明项目名称、项目所处的方位、设计的面积大小以及最终的目的等。在此阶段，不需要对具体的细节做深入研究，设计项目说明只是明确需要完成的任务。

二、程序编制

程序编制是指将具体规划整理成文，也就是对与项目相关的信息和目标进行收集、组织、分析和记录成文。对设计任务的全面理解开始于程序编制过程，即对项目实施的各个方面的具体进展日期做出合理的组织安排。这是整个空间环境设计的预设计阶段。在这一设计阶段中，设计师对于各个方面的事实数据、标准、目标、设计项目的限制规定等都应了解到位。这一针对设计目标和任务的初步调查与研究亦称之为项目规划，它能确保客户对空间

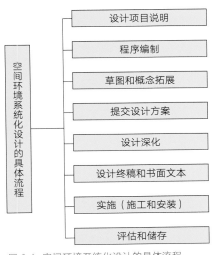

图 3-1 空间环境系统化设计的具体流程

表 3-1 设计项目时间进度表

项目进程阶段	所需时间 / 周				
	1 ~ 8 周	9 ~ 16 周	17 ~ 24 周	25 ~ 32 周	33 ~ 40 周
初步空间规划					
最终空间规划					
初步设计					
详细设计					
最终设计					
施工招标					
施工					
施工检查					
完成项目					

环境设计任务以及空间环境设计方案和目标都有明确清晰的认识。（图3-2）

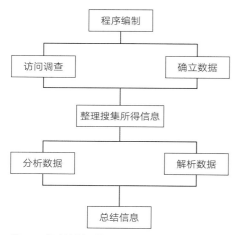

图3-2 程序编制环节

1. 访问调查

中国有句俗语：不打无准备之仗。做好访问前的准备工作，是访问调查成功的关键。访问前的准备工作主要包括以下三个方面。

（1）熟悉调研提纲：设计师进行访问调查之前，要准备好访问调查的详细提纲和所要调查的问题。

（2）面对面的交流：设计师应该根据设计的需求来咨询客户，面对面的交流有利于其了解客户各种细微的空间环境设计要求，更有利于下一步设计工作的展开。

（3）安排访问时间与访问地点：确定访问时间和访问时间的长短，也是决定访问效果好坏的一个重要的因素。设计师可以根据客户的需求大约估计访问时间并确定访问地点。

可以采取多种方式和方法收集各方面的信息，如业主、用户、场地以及其他因素都是重要的技术手段，这涉及空间环境设计问题的本质。如果数据搜集广泛而充分，各种分析的技术和工具将把原始资料提炼成为有用的信息。此外，所搜集的信息应该涉及业主和用户的价值评估、确定目标需求，了解什么是所需要的，以此来获取一个特定的信息以及事实信息，如场地、气候、文脉等，收集这些信息最常用的方法就是访问调查。

访问调查主要是对现场及资料的搜集调查。为了对设计的空间环境有准确、真实的认识，设计师应全面了解空间环境的总体情况，这就需要现场调查。如对场地条件的调查。场地条件对设计师来说是极为重要的。场地的形状、大小、基本方位、景观、地质面貌、微观气候、植被、自然条件、人工环境以及其他各种特征都需要从一开始就着手调查。特别是对设计地段及周围相关环境的情况（土地利用现状、环境状况、建筑风格和特色），地段环境的社会情况（地方风俗习惯、人口以及社会因素的变化），经济状况（经济开发潜力评估，包括经济价值、社会效益、文化价值、生态价值、历史价值等），基础设施的制约，技术力量与条件等因素的调查。设计师要仔细调研，以便能够更好地理解后面的具体设计需要考虑哪些相关的文脉。除此之外，还需要通过对文献、档案资料、刊物进行整理，或在互联网上对这方面的资料进行搜集。（图3-3）

2. 确立数据

在空间环境设计方案的设计阶段，应该掌握设计项目的基本数据，这也是最基本的要求。这样设计师才能从一开始就将客户的需要和实际的空间效果联系起来进行考虑。但是，在空间环境设计的初级阶段，没有必要过多地了解详细的数据信息，过多的细节反而会阻碍设计的进展。大部分详细的数据信息要到实际规划设计阶段开始之后才需要，而一些相关的因素，尤其是和人文环境有关的因素，在设计理念的定位中起着至关重要的作用。因此，搜集与该设计有关的基本数据成为推进空间环境设计进程的重要阶段。

3. 整理搜集所得信息

访问和调查阶段的任务完成以后，将获得关于实际设计的基本信息，这个时候就该整理所掌握的数据了。在这个整理过程中，设计师需要对客户需求和设计项目信息进行基本的分析。最重要的一点是，找出还缺什么，有哪些关键的信息在访问过程中没有搜集到，现在所掌握的信息有哪些是有冲突的，是否还需要进一步调查等。这样的问题会不断地出现，需要我们去进一步调查研究。

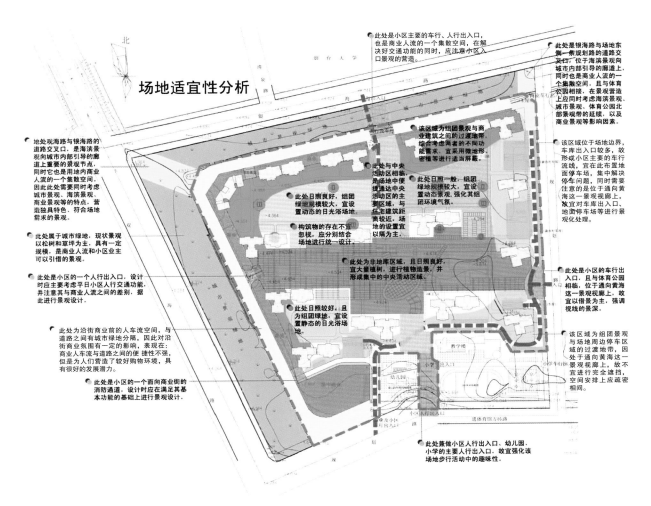

图 3-3 场地分析研究

4. 分析数据

分析在设计中指的是对项目的理解，它直接来自所搜集到的数据信息。从方案制定到空间环境设计，设计师必须首先系统地整理、分析和评估搜集到的信息。如果数据搜集广泛而充分，各种分析的技术和工具将把原始数据提炼成为有效的信息。一些基本的设计概念可以作为方案数据分析的基础。这些概念包括区域划分的朝向、流通、储物和效率的基本原则以及毗邻研究和通道形式活动关系的分析。

5. 解析数据

"解析"在设计中指的是对项目的洞察，是以一个熟练的设计师的独特视角去感悟这个设计项目。这种解析常常是设计师在解决问题过程中常用

的方法之一，因此设计师应该去详细地了解客户的需求，这样才能够深入地解析该设计项目的主要信息。当然，这些解析可以是相对较小的内部变更，也可以是对方案组织结构的大变更。因为设计师作为一个旁观者，可以以全新的观点看待问题，在这种情况下他完全不受任何因素的干扰，而是以整体的角度来看待这个组织。也只有这样，设计师才能够凭借自己独特的视角来看待这个设计项目。

将文字内容转化为图表的形式也是空间环境设计方案流程中的另一种解析数据的方法。图表在空间环境设计中的应用已经极为常见，因为图表和图示可以准确地显示出那些文字说不清楚的部分。这些图表只是预设计过程的一部分，因为它们只是对文字方案的一个抽象的图形表达，并不是要试图做出设计的解决方案。特别是当面对一个大的设计项

目时，设计师绘制整个组织内部不同部门或部分的图表是十分必要的。通常的文字方案都附带一系列的图表，这样更有利于客户理解文字，为其提供一个较为清晰的空间解析。（图3-4）

6. 总结信息

在进入设计项目初级阶段之前，应该对预设计阶段的成果进行总结和文件录入，以便于设计师从一个综合的文字角度看待设计，理清思路，也有利于其从烦琐的信息中提炼出设计所需的有价值的因素。这个表述应该注重设计问题的精髓而不是细节，并且代表了设计师在人文、社会、美学和哲学方面对该空间环境设计的理解。方案的最终形式应是一套十分完整的文件包。

（1）总体设计理念；

（2）一份详细的、按功能排列的文字方案，描述设计项目的所有要求和注意事项；

（3）把设计关系以视觉的形式呈现出来的图表；

（4）对空间的尺寸需求做出数据总结，作为该设计项目的初步预算说明。

整个方案规划的完成，让设计师对该项目有了一个完整的档案化的理解。因为方案本身就是一个理想的和客户进行交流的工具，它既表达了总体设计理念，又详细解释了设计要求。因此，客户阅读方案后，可以根据设计方案提出自己的意见，设计阶段开始后，方案就将成为设计概念的指导。

空间环境设计的核心任务就是将建立在分析基础上的预设计阶段转化为创造性地制定设计方案的阶段。整个设计就是把许多不同的因素结合到一起形成一个有用的整体的综合方法。完成从分析过程到记录并绘制一个实际方案的飞跃，这是在设计阶段中最困难的一步，因为此阶段所涉及的很多因素，直接关系到设计方案的成败。我们把最后完成的设计方案与最初的解决方案之间的距离称为"综合距离"，以图示的形式展现，会让大家一目了然。（图3-5）

总之，当所面临的设计空间规模宏大又功能复杂时，解决方案就会变得难以达成或不够明显。从专业的角度来讲，在面对此类项目的时候，设计师需要借助一个高效可靠的设计过程来应对所接受的每个设计任务。随便搜集一些资料、漫无目的地去等着灵感的到来，这显然是不切实际的做法。设计师要面临时间压力，要解决空间布置的各种难题来充分满足客户和使用者的不同要求，这时就需要一个根基牢固的方法。

三、草图和概念拓展

此阶段是对空间关系、活动关系、方位和朝向等以图示方式做进一步的分析研究，即以草图和简要文字的形式对有关概念和构思做出创造性的综合分析的过程。"概念"提出的是解决设计问题的主

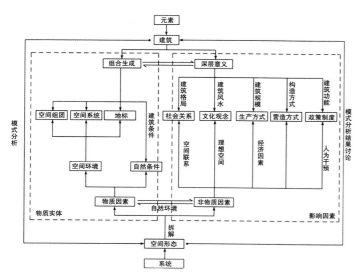

图3-4　空间解析

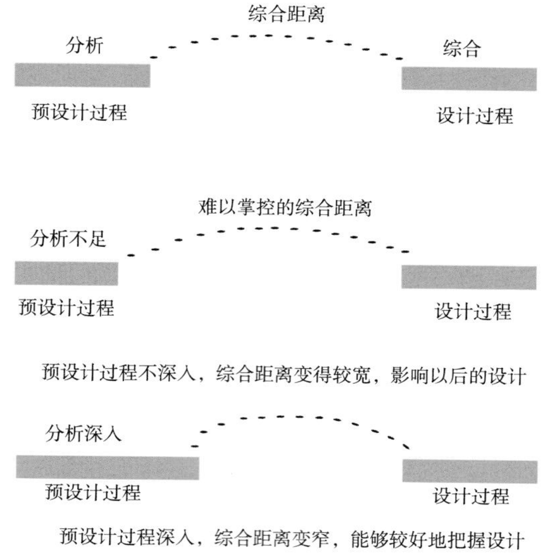

图3-5　综合距离

导思想和方式，产生最终有效的目标和最终结果的方法。概念形成的过程就是将计划和规划用综合并具体的形式体现出来。它的作用不是说明具体解决方案、效果或结果，而是对将要实现的主要特征做出简要的描述、草图和概念拓展。（图3-6）

1. 构思

在此设计阶段，设计师应该与团队、跨学科的智囊团等一起讨论分析，集思广益、互相鼓励，充分发挥想象力来进一步地完善设计构思。跨学科的智囊团可以帮助设计师从不同的视角去审视问题，这样做的目的是为了尽可能多地从不同的角度考虑设计，进一步完善其功能性。在这一阶段，创造性研究将与先前获得的数据、专业知识和经验相融合，使之完全统一，使之成为解决问题的核心理念。解决问题的方法本身并没有形成，但是指导设计师逐步完成最终设计的思想却形成了。（图3-7、图3-8）

2. 草图

草图指的是由专业设计师为设计方案提供的较完备的专业设计图稿，其创意思维大多是通过图形研究形成的，因为草图或简图可以将设计创意可视化。迅速绘出的草图不仅传达了各种想法、各种关系，而且还传达了相关的环境因素和人文因素等信息。

（1）草图阶段一

①标准矩阵

标准矩阵的"标准"是指设计方案的要求，"矩阵"这一具体概念是由19世纪英国数学家凯利首先提出的，它可定义为"各元素按照纵列和横列而成的方形表格"。标准矩阵，指的是一种将常规的文字设计方案精简并进行组合的有用的技巧。标准矩阵的直观形式尽可能简洁地组织方案中的所有标准和要求，力求达到对该设计项目一目了然。标准矩阵的复杂和完整程度可以根据项目的尺度、范围的大小、时间的安排以及项目的最后期限来进行灵活的调

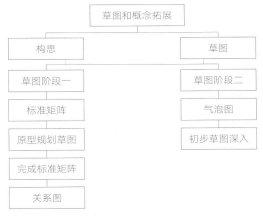

图3-6 草图和概念拓展

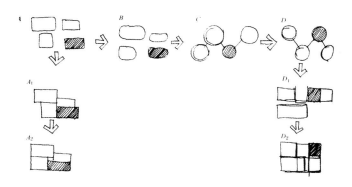

图3-7 构思分析1

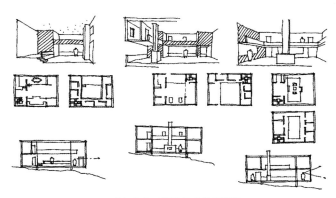

构思过程中发现设计的多种可能性

图3-8 构思分析2

节。一个简洁明了的表格对于提高设计效率有很大帮助，并且有助于避免忽略一些关键的因素。如果时间允许的话，可以扩充标准矩阵，使之包含更广泛的因素，如设备、空间系统的性能要求、照明设计、色彩、材料和装修以及未来的规划需求等。

标准矩阵具有作为一个空间环境设计工具的价值：出于对空间环境设计目的考虑，要求对设计方案中

的基本元素进行考虑、评估和组织；

　　矩阵可以保证设计方案的完整性和对设计细节的关注，以便设计师对一些相关的设计因素考虑得更加周全；

　　把这种分析放到一个简洁的参考表格里，以方便查找；

　　矩阵能够对已做出的草图是否能满足设计任务的需要提供一个标准的评价；

　　在更大或更复杂的规划和设计方案中，标准矩阵也可以有效地作为预设计工具使用，包括那些需要按部门分类的方案。（表3-2、图3-9）

表3-2 空白标准矩阵

空间划分	尺寸需求	邻接需求	公共通道	私密要求	管线入口	特殊设备	特殊需求
接待区							
办公室							
会议室							
工作区							
咖啡区							
休息区							
卫生间							
公寓							

②原型规划草图

　　制作原型规划草图是为了获得有用的信息和数据，快速画出简略、概要的平面图，而"原型"则可被理解为一般化或者抽象化。原型规划草图是空间规划预设计的进一步深化的阶段。在一般情况下，制作一份原型规划草图可以为设计提供一些有用的数据。

　　总之，原型规划草图不仅能够使设计师对每个空间尺度有一个直观的把握，而且还能够使其更好地把握空间的尺寸，这对于设计师来说无疑是至关重要的。（图3-10至图3-12）

③完成标准矩阵

　　在原型规划草图完成以后，就要开始深入完成标准矩阵，填补先前规划和设计空缺的部分。完善标准矩阵能够使设计师更好、更深入地探讨后面的

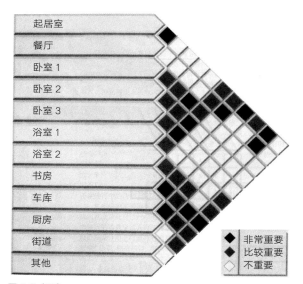

图3-9 矩阵

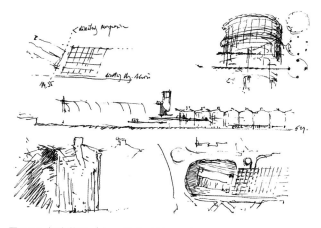

图3-10 概念草图（Jose Rafeal Moneo）

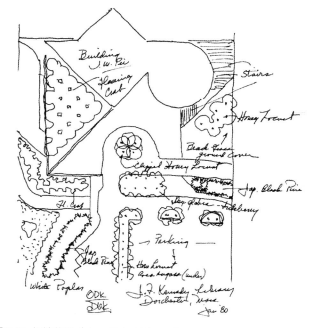

图3-11 设计草图（Jose Rafeal Moneo）

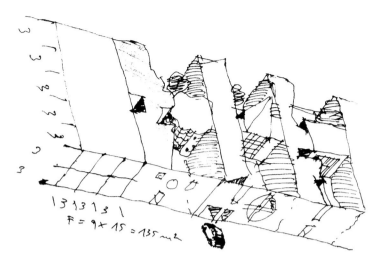

图 3-12 原型规划草图 （Rendow Yee）

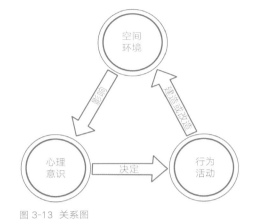

图 3-13 关系图

设计方案，有助于设计思维的开拓。

④关系图

在空间规划的预设计阶段中，当文字部分完成后，关系图会把它转化为应用于空间的规划图形。关系图不仅能够使设计师较为清晰地了解项目中各元素之间的关系，而且能够使项目可视化，使客户更加深入地了解设计方案中空间和空间之间以及内部空间的相互关系和邻接关系。（图 3-13）

综上所述，设计方案通常都不是一成不变的，它会根据一些主观或客观因素而不断发展完善。同样，草图阶段也只是预设计方案的一个初始阶段，在后期的气泡图和初步平面规划中也会出现许多新的设计概念问题，这就需要对设计方案进行深入的推敲和完善，这就是草图阶段二对设计方案的深入。

（2）草图阶段二

在完成了搜集数据信息、分析使用者需求并初步确立整个设计项目总的理念或方案后，就进入了由预设计阶段到更加具有创造性的平面图的绘制阶段，这一阶段也是空间环境设计的重要阶段，也是从实际设计规划角度确定全面方案的阶段。

一个方案设计过程其本质上也是一个分析的过程，而空间环境设计是一个综合的过程。从方案设计的分析模式过渡到空间环境设计这一创造性的模式之间永远都有一定的距离。在观念上，设计师可以尽量使它们之间的差距变小，并易于掌握。方案准备过程做得越完整深入，"综合距离"就变得越小。气泡图正是设计师为缩短这种距离而做的努力。

①气泡图

气泡图指的是一种能针对现有空间环境设计问题，快速发现所有解决方案的试错法。气泡图可以使设计师捕捉一时灵感闪现的想法并呈现在图纸上，这对于设计方案的创造性思维的表达来说无疑是最简洁方便的。

进行气泡图的绘制之前也要对现有空间环境的平面进行阅读和分析。对现有空间进行分析研究，以便理解它的构造、建筑形式、结构元素等。从一定程度上来说，在绘制气泡图的过程中，对于每个元素的相关重要性的理解会慢慢加深。（图 3-14 至图 3-17）

②初步草图深化

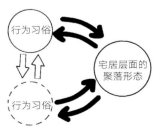

图 3-14 行为环境气泡图 1

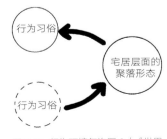

图 3-15 行为环境气泡图 2（《世界文化遗产西递古村落空间解析》）

草图的绘制是为了从多方面的视角研究空间环境设计问题并寻求解决方案。初步深化草图是在气泡图的基础上做进一步深化，其比例尺寸更为具体，而且一些特性要素也更为详细，由此使人产生对空间环境设计的初步感觉。在时间允许的范围内，设计师应尽可能多的以草图的方式提出想法并形成问题，及如何予以解决。通常情况下，设计师一开始就应该把自我审视的做法纳入几个较为具体的方向，从而做出进一步的细化处理，形成初步的空间环境设计方案。（图3-18）

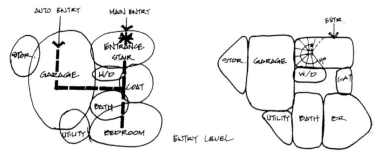

图 3-16　气泡图（Kenzo Handn）把相关的大小、空间和功能以及室外环境的决定因素彼此相连，以此来很快地分析它们之间的联系

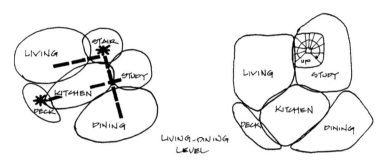

图 3-17　气泡图（Kenzo Handn）

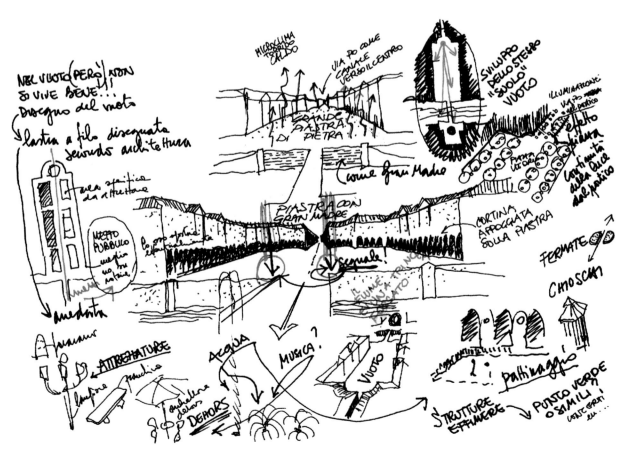

图 3-18　初步草图深化空间环境意象的表现，推动问题解决以及方案的深化

四、提交设计方案

选择一个或几个初步设计方案，将这些方案提交给客户，以获取反馈意见，而后，对设计做出进一步修改，经过双方几次有效的协商，最终确定设计方案。(图3-19)

五、设计深化

一旦通过设计方案，设计师就应该去考虑一些细节性的问题了。基本的问题有：每个空间中的材料选用、色调把握、光照控制、空气调节器的分配和控制；电力设备及其插线口、管线设施；固定的

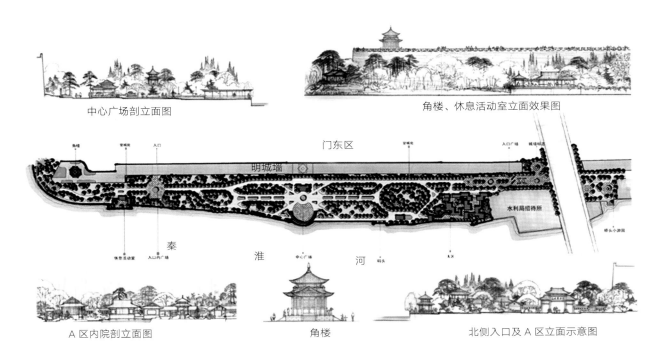

中心广场剖立面图　　　　　　　　角楼、休息活动室立面效果图

A区内院剖立面图　　　角楼　　　北侧入口及A区立面示意图

武定门公园规划设计方案

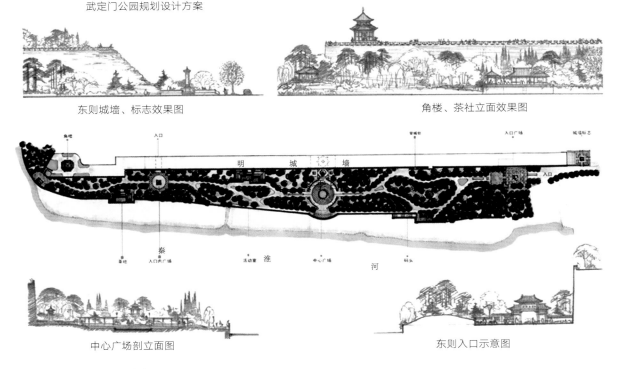

东则城墙、标志效果图　　　　　　角楼、茶社立面效果图

中心广场剖立面图　　　　　　　　东则入口示意图

图3-19 武定门公园规划设计方案

和可移动的设备等。此外，还存在一些需要满足使用对象的功能需求和社区调配要求的其他系统特定需求。（图3-20）

六、设计终稿和书面文本

将已经通过的设计方案整理成文，包括对最终的设计定案和施工图，以及所涉及的设备和使用材料的规格要求进行整理，并列出详细的清单。

七、实施

完成了上述任务后，设计师的下一个任务是将设计定案转变成现实，即施工和安装。施工和安装包括选择承包商、施工进度安排、现场监督以协调施工的进展、设备和材料的订购和安装，以及解决其他各项有关问题。

八、评估和储存

1. 评估

这里评估指的是对设计问题做出评估以确定计划完成的情况。追踪评估应该由设计师和客户（住户）双方共同进行。评估的形式可以是问卷、现场检查观察，也可以通过口头方式获得反馈。可以请同事、同行或其他相关人士参加评估，可以分先后几次进行，以验证项目是否达到了设计的目标，从而获得调整和进行重新评估的机会。

2. 储存

（1）建档储存的规范

严格按照设计目标、系统化设计原理对设计方案的性能与特点、程序结构、数据结构、设计流程、

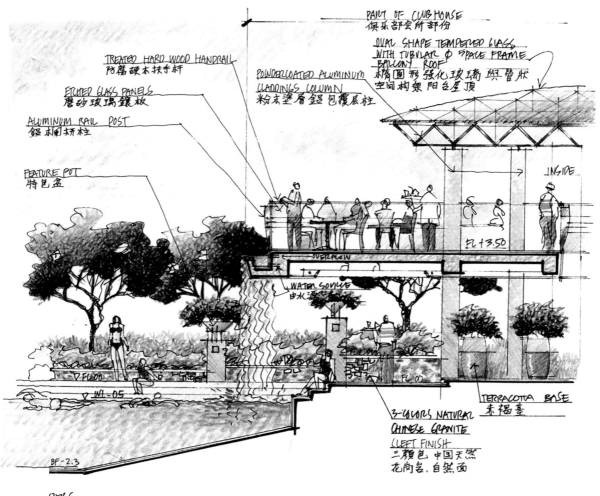

图 3-20 设计深化

设计评估进行系统化方式的储存。

（2）意义

设计流程的建档储存，能使设计师对设计方案进行具体分析，是完善设计方案的重要步骤，也有利于后期的设计发展深化。

任何一个空间环境系统化设计项目，都应该遵循这样的设计流程。依据这样的设计流程，不仅能做好设计项目的每个环节，而且能够使设计方案围绕着主题设计层层深化，进而更好地完成设计项目。（图 3-21、图 3-22）

空间环境设计除了要遵循科学系统的设计流程外，还要依靠团队的协作。

在当今的社会经济环境中，空间环境设计师应具备艺术家、科学家、工程师、手工艺人的某种性格，但又不完全等同于其中任何一种性格。设计师是把艺术家、工程师、哲学家等的工作有序地结合起来，形成一个明确的、艺术的、舒适的空间环境，服务于人类。此外，空间环境设计的过程还需要考虑并满足诸如人文伦理、市场营销、法律法规、预算、气候学、人体工程学、城市规划等方面的要求。

社会分工的迅速发展，使空间环境设计专业化程度越来越高。没有人可以胜任一个设计项目的全部设计工作，一个人更无法掌握全部的专业本领、背景经验和学术知识。设计师要与各工种的工程师、专家顾问和材料制造商合作。大规模的、复杂的空间环境设计要求设计师从设计项目伊始就要进行团队合作，协同作战。由他们领导的一个秩序井然的组织，首先形成的是一个交换信息和智慧共享的紧密交织的网络。当空间环境功能变得日趋独特，而且不再是简单设计程序的批量产品时，设计师就更加依赖于团队协作的重要成果了。

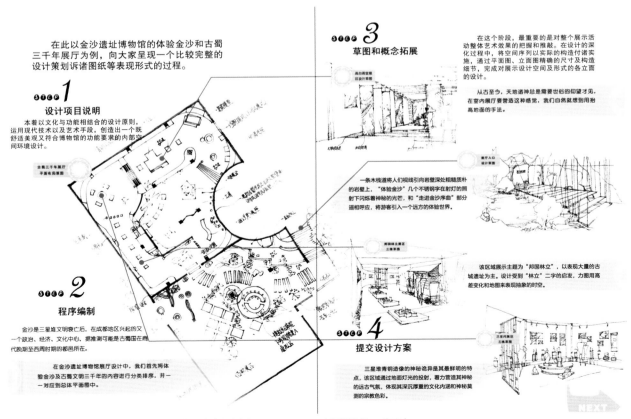

图 3-21 金沙遗址博物馆空间环境系统化设计流程案例 step1 ～ step4.（案例设计：许亮）

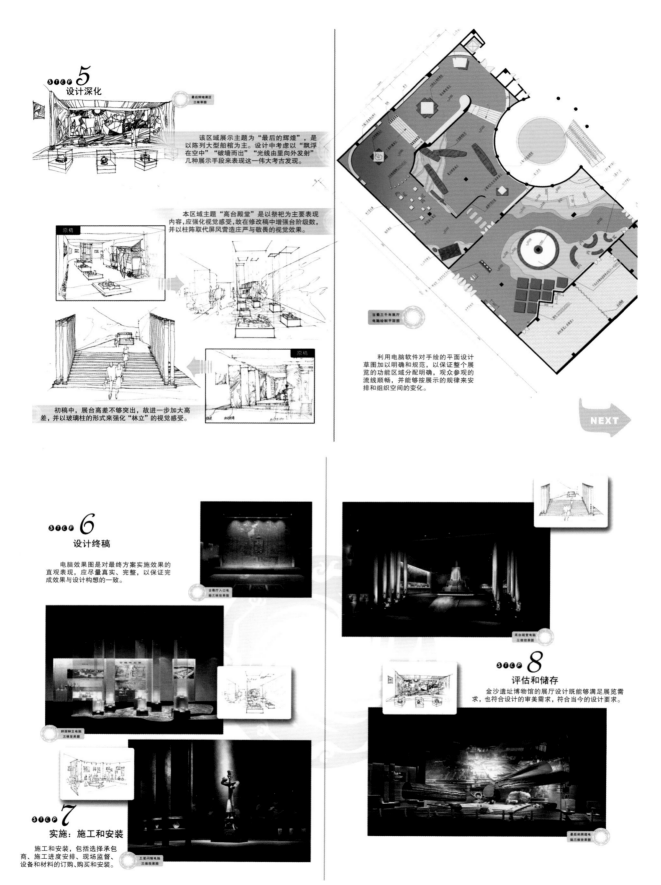

step 5 设计深化

该区域展示主题为"最后的辉煌"，是以陈列大型船棺为主。设计中考虑以"飘浮在空中""破墙而出""光线由里向外发射"几种展示手段来表现这一伟大考古发现。

本区域主题"高台殿堂"是以祭祀为主要表现内容，应强化视觉感受，故在修改稿中增强台阶级数，并以柱阵取代屏风营造庄严与敬畏的视觉效果。

初稿中，展台高差不够突出，故进一步加大高差，并以玻璃柱的形式来强化"林立"的视觉感受。

利用电脑软件对手绘的平面设计草图加以明确和规范，以保证整个展览的功能区域分配明确，观众参观的流线顺畅，并能够按展示的规律来安排和组织空间的变化。

step 6 设计终稿

电脑效果图是对最终方案实施效果的直观表现，应尽量真实、完整，以保证完成效果与设计构想的一致。

step 7 实施：施工和安装

施工和安装，包括选择承包商、施工进度安排、现场监督、设备和材料的订购、购买和安装。

step 8 评估和储存

金沙遗址博物馆的展厅设计既能够满足展览需求，也符合设计的审美需求，符合当今的设计要求。

图 3-22 金沙遗址博物馆空间环境系统化设计流程案例 step5~step8（案例设计：许亮）

第二节　空间环境系统化设计要素和系统化理念与设计评价

一、空间环境系统化设计要素（表3-3）

表 3-3　空间环境系统化设计的要素

空间环境系统化设计的要素			
功能要素	空间要素	形态要素	色彩要素
人文要素	人因要素	环境要素	

1. 功能要素

空间环境系统化设计的功能要素指的是空间环境的实用性，是以满足人和人际活动的需要为宗旨，以安全、卫生、高效、舒适为基本原则，以解决综合性的人、空间、家具、设施之间的关系问题为目标，在此基础上创造出高品质的空间环境。当然，我们也应该认识到，自然界中的一切东西都具有一种形态，它依托于外在的造型向我们呈现它的形态，即形式体现。由于空间环境的功能总是以特定的形式体现，因此，在满足功能需要的前提下，形式成为设计师关注和研究的重要方面，并按照美的形式法则来营造空间形态，使得空间环境的功能与形式达到和谐统一。

在空间环境系统中，功能与形式的关系是：形式是因功能的需要而产生的，功能是形式之内在需求上的具体表述；一般来说，功能决定事物的基本方面，形式是功能所要求的存在方式。因而，功能决定形式，形式为功能服务，互为依存。

如果说功能是系统与空间环境的外部联系，那么结构就是系统内部诸要素间的联系。功能是空间环境设计的目的，而结构是空间环境功能的承担者，结构决定功能的实现。结构既是功能的承担者，又是形式的承担者。由于结构是空间设计的基础要素，因此它必然受到材料、工程、工艺、环境等诸多方面的制约。

2. 空间的要素

（1）空间的类型

不同形态的界面围合成不同的空间形态，围合

形式的差异造成空间内容发生变化。空间环境构成方式受其形态的影响与制约呈现出三种形式，即静态封闭空间、动态开敞空间和虚拟流动空间。

（2）空间的组织

以功能需求作为设计的出发点，这是每个设计师在做设计时首要考虑的问题。空间的布置主要是一个根据对远近距离、大小尺寸和功能做出安排的问题，解决这些空间环境问题有很多种方法，但归纳起来基本上有四个组织排序系统——线性结构、放射结构、轴心结构和格栅结构，它们构成了单元房或大型建筑项目空间环境设计的基础。

3. 形态要素

形态要素指的是事物在一定条件下的表现形式。而在设计用语中，形态不仅是外在的表现，同样也是内在结构的表现形式。

在空间形态设计的一般理念上，统一、简洁是空间环境设计所要遵循的基本原则，就空间形态的造型手法而言是多种多样的。如直线与矩形、斜线与三角形、弧线与圆形三种空间类型以及由此引发的各种综合形态。在空间环境设计中，空间形态的确定是按照人体工程学、空间的使用类型、材料的选购和人的心理等因素进行的。

4. 色彩要素

《文心雕龙·物色》中说："物色之动，心亦摇焉。"在空间环境设计中，色彩是一门复杂的学问，它是一门涉及光学、生理学、美学、商品学、物理学等的综合性学科，并且彼此之间相互协调。它也会随着人们情感的不同和认知的差异而产生变化。色彩可以用来表现空间环境的性格和环境气氛，是创造良好的空间效果的重要表现媒介之一。在进行设计时，考虑视觉功能的需要要从形式美感的角度出发，功能与美感之间是水乳交融的。所以，色彩的调和与塑造是决定空间环境的关键，有良好色彩设计的空间环境，会给人们带来无限的欢快与喜悦。

此外，不同民族、不同地域和文化背景的人们，对色彩的理解也是不同的。但人类的感性具有共通的一面，对色彩的直观感受也存在很多共性。

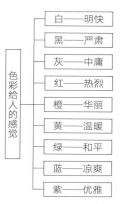

白——明快
黑——严肃
灰——中庸
红——热烈
橙——华丽
黄——温暖
绿——和平
蓝——凉爽
紫——优雅

色彩给人的感觉

图 3-23 色彩赋予人的视觉共性

图 3-24 斯洛文尼亚卢布尔雅那建筑 1

图 3-25 斯洛文尼亚卢布尔雅那建筑 2

因此，设计师在设计中也要充分考虑这些因素。（图 3-23 至图 3-25）

5. 人文要素

　　人文要素指的是一种全面的关怀，尤其是对人的价值取向、潜能开发、灵魂塑造、身心愉悦等意识形态领域的问题进行关怀与探索。人文要素受人体工程学、文化和心理方面的影响，设计师在做方案时应该考虑这些因素。人文目的和人文活动是基础，是设计师进行艺术创作的原材料。设计中的人文要素如表 3-4 所示。

表 3-4　人文要素

人文要素				
需要庇护的功能性活动	需要维护的社会关系	人的自然特征和需求	人的生理特征和需求	人的心理特征和需求

6. 人因要素

　　在空间环境设计中，为使空间环境与人的身心更加和谐，就应该充分考虑与和谐相关的一切因素，它包括人体工程学要素、心理学要素和社会学要素以及审美要素等。这些要素往往是隐性的，是现代化技术文明潜在的忽视人的弊端。

　　人因要素既包括设计的服务对象的"人"，又包含另一层意义上的人，即介入设计过程中的不同角色的"人"。后者往往也是隐性的，也是现代化技术文明潜在的忽视人的弊端。

7. 环境要素

　　随着社会经济的突飞猛进，人口剧增，资源过度消耗，这给人们的生活环境带来不同程度的破

图 3-26 生态设计

坏，因此，走可持续发展的生态设计之路，为人们创造出更美好的生活环境成为当今设计师的首要任务。在空间环境设计中考虑环境要素，其实质就是提倡生态设计。在空间环境设计上，讲求从生态环境的整体出发，利用自然，再现自然，同时强调其生态环境要和谐，既要有充足的阳光，又要有足够的绿色植被。（图 3-26）

　　当今在设计领域中，我们所提倡的生态设计，即可持续发展的生态设计原则就是遵循以下生态规律。（表 3-5）

表 3-5　可持续发展的生态设计原则应遵循的生态规律

可持续发展的生态设计原则应遵循以下生态规律			
生态进化规律	生态平衡规律	生态优化规律	实事求是、合理布局

二、系统化理念与设计评价

　　空间环境设计是一个成果性很强的应用工程，它既有理论传授与理念诠释，又包括新思维、新方

法的渗入，更包含视觉成果的展现，因此，我们应该确立空间环境系统化设计的评价要素与评价方法，以便有效准确地把握空间环境系统化设计各方面的关系。现代空间环境设计正朝着更加规范、更加系统、更富逻辑条理的方向发展。基于此，建立和探讨空间环境设计的价值观念及设计方法，将促使其成为一个独特的、引人注目的创作领域，形成系统的学科体系。

通过系统地掌握空间环境设计评价的依据和标准，使我们学会如何找出一个设计作品的优点和不足之处，进而找到把握一个好的创意、好的设计和好的设计品质的途径，这对一个设计师的全面发展至关重要。

1. 评价概念

（1）空间环境设计评价的定义

空间环境设计评价指的是依据一定的原则，采取一定的方法和手段，对设计所涉及的过程及结果进行系统的事实判断和价值认定的活动。

（2）空间环境设计评价的目的和意义

①设计评价的目的

评价目的是为了相互交流信息、征求意见、共同研讨，进而完善设计方案。

②评价的意义

A. 通过评价可以检验设计方案的优劣。如一个空间环境设计的初步方案出来了，有何优劣，怎样做进一步的完善？找几位同行的人，或不同专业的人，或"外行"的人，一起讨论一下，这就是最简单的评价。

B. 它对设计师树立质量管理意识、强化质量管理、高质量完成设计任务具有重要作用，同时，也有助于设计中的信息交流和工作反思。

由此可见，评价对保证空间环境设计质量是非常重要的，也是必不可少的。

（3）空间环境设计的评价种类

由于事物性质、评价目的、评价内容的不同，采取评价的方法也不同，故评价的种类是多样的。根据空间环境设计的特点，评价有以下三种。

①按内容分，有设计评价、施工评价、环境质量评价等。其中设计评价包括建筑设计评价、空间环境设计评价、结构设计评价、设备设计评价等。

②按目的分，有决策评价和修订评价。决策评价指的是对某几种方案或对某个方案的某些方面进行评价，以决定方案的取舍。修订评价，就是对某个方案的评改，肯定方案的优点，找出不足之处以便完善方案。

③按方法分，有单一评价和综合评价。单一评价指的是对某一方案或几个方案，找几个人来进行讨论，然后进行投票。综合评价是指由于某个事物较复杂，或对评价要求较高，就要对涉及该事物的相关因素先进行分类评价，再综合确定其综合价值，这就是所谓"综合评价法"或"周密判断法"。

2. 构想的评价

（1）构想

在空间环境设计领域，对于构思的解释应为主意、计划、直觉、想象等观念的总和。"构思"是设计的灵魂。在构思活动中所表现出来的思维特征同一般的思维活动有所不同，它总是带有相关门类艺术独具的专业特点。空间环境构思就是其中的一个特例。在此论述的构想包括主题的构想和设计程序中的构想两个部分。

①主题的构想

在最高经营者（甲方）的决策下，即已决定开发的对象，设计师在接受任务后，就开始构想列举了。但此时往往会面临一大堆的问题，这些问题，有时杂乱无章，有时漫无头绪，这就需要有一个系统的综合分析的过程，即对设计条件进行了解、分析、归类、调研以及初步的综合考虑，这个阶段是构想的准备阶段。深入阶段则是设计的价值判断，它包括设计基调的确定、创作倾向的选择以及对问题实质的把握。正如约翰·波特曼所说："设计师如果能分析和理解问题的实质，你就能找出最适当的解决方法。"正是在这种重新赋予的"判定"中，设计师看到了解决问题的契机，即着手设计与实施。

②设计程序中的构想

在空间环境设计程序中，市场调研、咨询搜集是首要工作，然后进行资料及情报的搜集与整理分析，进而从事构想的开发工作。创意的来源很多，主要的可以采用以下五种方法。

A.调研报告及刊物：包括一般报纸、杂志等。

B.灵感：灵感的产生，每每源于事物或现象的启发，这种启发构思灵感的事物或现象，在心理学上称为"原型"。历史上许多成功的作品，其构思都受各种事物或现象的启发。例如：贝聿铭设计的香港中银大厦，其灵感来自中国古老格言：青竹节节度。值得重视的是构思在寻求启发的同时，应尽量扩大可供"类比"的领域，不要只把寻求启发的目光停留在本专业上。

C.研讨法：几个人对构想进行讨论而产生出其他的新构思，达到激发创意思维的目的。

D.逆向构思法：设计师思路要灵活，能够打破常规，及时改变原来的思考习惯，从新的途径来构思。

E.模仿法：创造学大师奥斯本说："所有一切创造发明，几乎毫无例外地都是通过重新组合或改进，从以前的创造发明中产生出来的。"模仿不是抄袭，而是一种积极向上的学习态度，这就要求设计师要特别善于用"非传统的方法组合传统构件"，从而创造出与众不同的新形象、新思维。（图3-27）

（2）新构想之精练化

在市场经济的需求、竞争策略、技术本身、设计师的能力等客观条件的制约下，围绕空间环境设计的主题目标、观念进行优选。虽然大多数的构想会被摒弃，但它仍然具有开发新设计思维的作用。构想的筛选具有以下三个阶段。

①利用构想矩阵结合与分散或增减，将新构想分类整理；

②新构想的修整与具体化策略；

③从经济性与技术性的角度来考虑，并充分考虑现实的条件，把构想与现实条件相结合起来。

对于新构想必须要从空间环境的条件、构想的价值、投资价值、业主的要求、市场的经济需求去评价，这样才能够真正做到优胜劣汰。

（3）新构想的评价

新构想的评价是由几个主管部门（经营部、预算部、材料部、施工部等）共同参与的总评。设计师要列举出构想特征，供几个部门主管讨论、评比，其评价的项目主要有：

①新构想是否符合甲方的要求；

②新构想是否是独创的构想，其优势是什么；

③新构想是否符合当今审美的潮流；

④新构想是否具有较高的经济价值和社会价值；

⑤实施新构想所需要的时间，是否具备投资和技术装备条件。

3．设计作品的评价

在主题构想决定后就要着手设计项目的开展工作，这就是设计师所面临的任务。设计师在设计实施时必须再次对该项目的品质优劣加以评价。一项设计的实际价值，可根据现代空间环境设计的特征，从以下三个方面来进行评价与衡量。

（1）设计作品的评价指标

①功能性评价

我们一般认为，评价一个设计作品的优劣首先要看它的设计空间是否能满足使用者的功能需求、空间环境设计是能否能满足人们使用观赏需求，使用应该是在赏玩自然中进行的，观赏改变和提升着使用者的心理感受。所以功能性与使用感受是评价设计方案中应该首要考虑的问题，一切必须围绕着这一主题进行，才能获得良好的效果。（表3-6）

表3-6 功能性评价

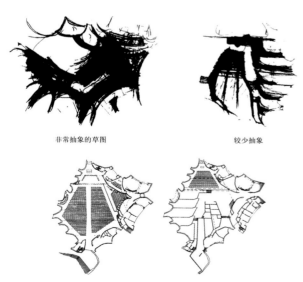

非常抽象的草图　　　　　　较少抽象

图3-27 构想过程图解（Raill）

程度级 项目	优			良			劣		
	A	B	C	A	B	C	A	B	C
实用									
舒适									
效率									
卫生健康									
持续性									
温度及气流									
明度									
安全、环保									
……									

②思想性评价

要看这个设计作品究竟想表达一种怎样的思想。设计和写文章一样，没有中心思想的文章必定空洞乏味，尽管辞藻华丽却不知所云。空间环境设计也是如此，优秀的空间环境设计必须表达一种思想，追求一种境界，它可以是安逸平和的，给人一种远离城市的纷繁与喧嚣的感受，也可以是舒缓浪漫的，如小夜曲般娓娓诉说着生活的故事。总之，评价空间环境设计的优劣，思想性是尤为重要的一个方面。

③艺术性评价

单纯从设计角度而言，空间环境设计是合理的运用设计手段，把自然的、非自然的元素有机整合起来，为人们提供一种良好的视觉感受和心理感受，同时它的表现方式必须是精练的、亲切的和艺术的，必须是符合大众审美观的。空间环境的艺术性正是本着来源于生活高于生活这一思想，把人们对美好事物的理解，运用技术手段表现出来的一种方法，给人一种享受，一种感悟，一种发自内心的赞叹。（表3-7）

表3-7 艺术性评价

程度级 项目	优			良			劣		
	A	B	C	A	B	C	A	B	C
风格、特点 （个性）									
视觉心理									
时、地条件									
节奏与韵律									
重点与中心									
温度及气流									
比例与尺度									
安全、环保									
空间意境									
和谐与对比									
材质、肌理									
环境与色彩									
照明									
……									

④创新性评价

时下无论空间建筑设计还是景观设计，抄袭已经成为一种"时尚"，根本不考虑是否适合，只要漂亮的就照搬，这样的事情屡见不鲜，对于空间环境设计师来说，设计伊始深刻地理解设计意图，综合各方面因素，运用设计手段，创造出的具有思想性、艺术性并能满足功能需要的设计方案无疑就是具有创新性的作品。

⑤经济性评价

好的空间环境设计方案都必须考虑经济性这一关键指标，在经济合理的前提下进行设计。盲目地追求高品质势必造成投资上的巨大浪费，经济合理的空间环境设计，不仅会提升设计项目的品质，给使用者带来赏心悦目的感受，同时也会提升产品的品牌效应，给开发商带来享之不尽的无形资产。（表3-8）

表3-8 经济性评价

程度级　项目	优			良			劣		
	A	B	C	A	B	C	A	B	C
空间计划									
预算分配									
节约、合理									
耐用性									
易保养									
材料适宜									
再生性									

程度级　项目	优			良			劣		
	A	B	C	A	B	C	A	B	C
人体工程学原理									
新型材料									
结构造型									
工艺流程									
设施设备									
声学									
光学									
水、电									
热、气流									
贮藏（物）									
消防									
……									

⑥业主意愿性评价

业主的不同需求对空间环境设计的影响是较大的，在构想中，业主的需求是各不相同的，有的业主偏向于设计的功能性，有的则偏向于艺术性。因此，设计师应对业主的需求进行深入了解后再展开创作，以充分体现业主的意愿。（表3-9）

表3-9　业主意愿评价

程度级　项目	优			良			劣		
	A	B	C	A	B	C	A	B	C
投资理念									
营销策略									
资金控制									
空间要求									
功能要求									
艺术要求									
技术要求									
……									

⑦科学性评价

现代空间环境设计是以科学为重要支柱的设计活动，一些现代的科学成果被应用到空间环境设计中来，如先进的结构构成、新型材料、施工工艺等。空间环境设计必须是要顺应时代发展的要求，紧跟科学的发展步伐，体现出人对现代环境的新要求。（表3-10）

表3-10　科学性评价

其他指标评价，主要是指市场、政策、自然条件以及同类设计的可比性。

综上所述，在空间环境设计中着重考虑以上各个方面的因素，并能系统分析各方面因素之间的关系，对完成空间环境设计工作无疑会起到积极的作用，同时其也是评价一个空间环境设计作品优劣的基本原则。

（2）设计作品的评价条件

如果评价是一个函数的话，那么评价的条件就是函数的各因子。评价的条件就是环境、对象、目的和人。各条件之间相互牵扯、相互依赖。（表3-11）

表3-11　设计作品的评价条件

设计作品的评价随着下列诸因素的改变而改变	
环境	经济、事物及地方等
	设计的主题、使用对象
对象	立项投资目的
	性别、年龄、人种、文化、地位等

（3）设计作品的评价稽核

为使设计评价一目了然，可使用图表分别反映上述评价项目的结果。根据项目具体特点、规模、

属性及需求制作总表与各项评价表进行评估，以供设计决策或作为设计师自我衡量与检测的标准。（表3-12）

表 3-12　设计评价稽核总表

程度级 项目	优			良			劣		
	A	B	C	A	B	C	A	B	C
思想性									
功能性									
业主意愿									
科学性									
合理性									
经济性									
艺术性									
独创性									
将来性									
安全性									
其他									

以上每项评估表可细分相关的评估内容，经逐项分析、判断、评估后，可以在一定程度上反映出空间环境设计的综合品质和创意的取向。根据图表清晰反映设计问题，便于设计师调整和完善设计方案，以弥补不足之处。

4．设计师的职业标准

应对设计师应制定专业化的职业标准，这一标准是指在同样的时间、场合、对象等条件下，设计师会尽到的专业职责，设计师不仅要具有相应的专业技术能力，同时还要达到专业所要求的职业标准，尽到一个设计师该尽的专业责任和社会义务，职业标准是指设计工作范畴内的一些约定俗成的要求，主要包括以下内容。

（1）设计师必须严守与业主达成的合同要求；

（2）设计成果必须达到专业设计的规范和法律要求；

（3）设计师不能因违约造成业主损失；

（4）设计师要对工作中的疏漏造成设计修改的损失负责；

（5）设计师应完成项目立项到应用和实施的全程工作；

（6）设计师的设计成果文件必须达到合理、公开、标准；

（7）设计师有责任对设计后产品生产过程做合理指导配合；

（8）设计师是设计项目全权负责人；

（9）设计师对自己行为负全部责任，同时还要对一些相关人员的过失负责；

（10）设计师对因设计直接涉及的公众安全和经济损失负责。

当今的空间环境设计师，必须深刻了解整个社会的文化背景，包括政治环境、经济状况、工业化水平、国家文化政策、人们的审美修养、国际交流等各方面的发展状况，探寻未来的设计趋势。只有站在文化的发展趋势基础上去思考设计的实质，才会设计出良好的空间环境作品，才能在职业生涯中走得更远。

■ 教学引导 ■

■ **教学目标**　通过本章的教学，让学生了解空间环境系统化设计流程与设计手段，让学生从不同的角度、不同的层面理解系统化设计流程所涵盖的内容，从而进一步掌握具体的知识。为空间环境系统化设计的理论和实践创新做充分的知识储备。

■ **教学手段**　本章通过多媒体教学，以图文并茂的方式系统地诠释空间环境系统化设计流程与设计手段的知识，使学生由感性上升到理性，掌握空间环境系统化设计流程的概念和内涵。教学中，引导学生对设计项目中所涉及的系统化设计与流程的内容展开讨论，强化对知识要点的理解。

■ **重点**　了解空间环境系统化设计流程与设计手段的概念和范畴，掌握空间环境系统化设计流程的理论知识，进行设计实践。

■ **能力培养**　通过本章的学习，使学生对项目的设计流程与设计手段有较清晰的认识，培养学生对设计项目的整体把握能力——在面对每一个设计项目时，都能够理性地分析设计的客观条件以及每个设计阶段所涉及的诸多因素和设计项目的阶段性评估与优化，确保设计目标的实现。

■ **作业内容**　对本章所涉及的内容，通过上网和查阅资料等方式，完成关于空间环境系统化设计流程与设计手段的结构体系的搭建，并进行设计实践。

4

空间环境系统化设计案例解码

空间环境系统化设计案例解码

第一节　案例教学的目的与方法

在一个不断发展和变化的社会里，我们无法始终遵循唯一的设计标准。我们正在从依赖于永恒的、万能的价值观转变到承认这样一个事实，即在特定时间内为一个特定目标而进行的设计才可能是有生命价值的设计。

本章的案例解码主要基于两点展开：其一，案例设计的思维模式取决于三条联动定律——接近律（切入）、相似律（趋同）、比较律（类比）；其二，案例设计中的案例一般主要用于表达过程性知识的典型实例。

本章采用的解码流程主要包括案例提取、案例解析和案例存储。

案例提取：是从案例库中提取"最相邻"实例进行要素的解析与评价。

案例解析：是根据现有的设计情境，在其领域的一般知识范围的约束下解析被提取案例的初始参数和求解策略，以滋养并思考现有的设计观念与设计要求。

案例存储：适当的储存方法，既能保证案例与索引语义的丰富性，又能尽量简化进入案例、提取案例的过程，以达到设计素养的升华。

设计案例的解码可将抽象的理论还原到实践中，互为实践。我们不再以单纯的点评、欣赏为目的，而是将"解码"作为一种"最相邻"案例的提取，对典型案例中的最具代表性设计手法进行过程性分析，归入相对应的相关理论体系中，同时设计一个与之相类似的作业，让学生修改初始参数并代入新的求解策略进行"案例修改"，以形成一个全新的设计方案。最后让学生对"解码案例"和"修改案例"进行"案例储存"，如此完成一个案例教学的全过程，使之成为一个学习的系统化过程，搭建一个开放式的框架，更多案例的加入使之更加丰富并富有条理，增强了学生的参与性，扩大了教与学的内涵。

第二节　案例解码与流程

案例教学是 MBA 教学的重要方法之一，是站在"巨人"的肩膀上获取方法、构想及创意的训练模式。把它导入设计专业教学，在教法上注重采取案例剖析引导、理论与实践紧密结合，同时，在学法上突出以学生为中心，以技师为指导的思想。帮助学生克服畏难情绪，激发学习与认知的自信心，使学生在有益的成长历程中获得更多的设计资讯。并且，结合系统化设计理念，展开批评与评论，达到一般教学不能达到的效果，从而有效提升未来设计师们的思辨和领悟能力。（图 4-1）

图 4-1　案例解码模型图

第三节 案例解码

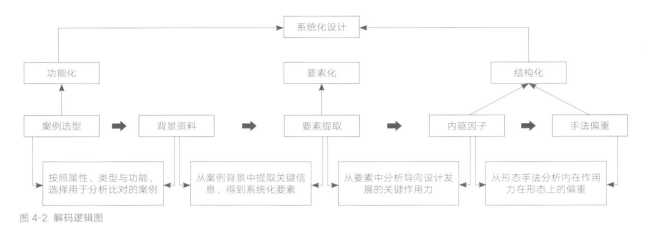

图 4-2 解码逻辑图

一、文化类空间环境系统化设计案例解码

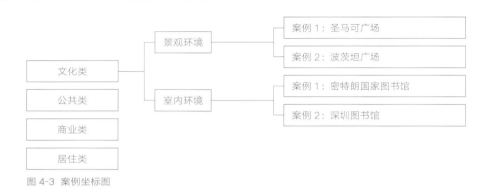

图 4-3 案例坐标图

1. 文化类的景观环境系统化设计案例解码

案例 1：圣马可广场设计项目简介

解码：文化氛围的营造在景观中的应用

关键词：地域、历史文脉、象征、隐喻

作者：雅各布·珊索维诺

开始时间：1529 年

（1）设计立项

威尼斯的圣马可广场是古代威尼斯共和国的核心，在中世纪时就汇聚了圣马可大教堂、钟楼和总督府等重要建筑物。在 16 世纪初，繁荣的海上贸易使威尼斯更加富足强盛，当局决定扩充广场，增建新时代的纪念物以彰显城邦的自豪感。在这种情况下，广场改造的总设计师雅各布·珊索维诺（Jacopo Sansovino）增建了图书馆、造币局等一系列新的建筑来平衡和扩展空间，使广场的气质更加典雅，空间更加灵动，导向更加明确，以至于被拿破仑赞为"欧洲最美的客厅"。（图 4-4）

（2）要素提取

①地理特征

圣马可广场又称威尼斯中心广场，位于意大利东北部的戈纳夫湾圣马克湾畔的海港城市。

图 4-4 卡纳莱托（Canaletto）圣马可广场

②构成部分

圣马可广场是由公爵府，圣马可大教堂，圣马可钟楼，新、旧行政官邸大楼，连接两大楼的拿破仑翼大楼，圣马可大教堂的四角形钟楼和圣马可图书馆等建筑及威尼斯大运河所围成的空间构成。（图4-5）

（3）设计实施

①布局特点

根据广场空间形成的"L"形规划布局，产生了三个显著特点：一是流动性。"L"形空间彰显了空间的流动性，具有循环的特点；二是趣味性和复杂性。根据街巷的空间变化营造出疏可走马、密不容针的空间特质，为游客带来了丰富的空间体验，趣味性和复杂性十足；三是导向性。"L"形的空间延伸出的两个观察点，无论从哪里出发，巍峨灿烂的教堂都将成为视觉中心。

②艺术特色

圣马可广场是一个复杂的综合体，它位于东西方交界的门户威尼斯，建造的历史延续了将近一千年之久，地理的特殊性和时间的跨度，使它同时兼具罗马风格、拜占庭风格、哥特风格等多种风格。针对这种情况，设计师的解决办法是颇具戏剧性的：他大胆地创造了新的风格，使原本就混乱的风格群体更加混乱，在这混乱之中产生了新的秩序，使一切风格的重要性都被减弱而互相制衡。（图4-6至图4-8）

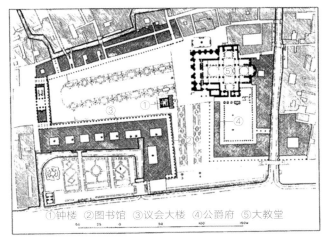

①钟楼 ②图书馆 ③议会大楼 ④公爵府 ⑤大教堂

图4-5 圣马可广场平面图

图4-6 圣马可广场内部建筑形态1

图4-7 圣马可广场内部建筑形态2

图4-8 圣马可广场主入口

（4）设计评价

圣马可广场符合后现代主义的代表建筑理论家罗伯特·文丘里（Robert Venturi）对于建筑的理解：建筑是复杂和矛盾的，具有语义学和符号学的多样性，成功的建筑都是充满了生机勃勃的矛盾斗争的符号的综合体。广场的风格语言跨度大、元素丰富，再次证明了威尼斯这个城市的国际化特点和海纳百川、兼收并蓄的宽广胸怀。

案例2：波茨坦广场设计项目简介

解码：多元文化融合的空间重塑

关键词：全球化、融合、现代、科技、艺术、环保

作者：罗伦佐·皮亚诺、赫尔穆特·扬、乔治·格拉西

完成时间：2005年

（1）设计立项

波茨坦广场位于柏林市。第二次世界大战前，它是德国柏林也是欧洲最活跃的文化和商务中心。"二战"中，域内所有建筑被夷为平地。战后，德国政府迁都柏林并将波茨坦广场这块城市中心空地重设为市中心，广场的重建本着柏林跻身世界级城市地位的雄心而展开。（图4-9）

（2）要素提取

①地理特征

波茨坦广场位于德国东边的柏林行政中心与西边的商业中心之间，即柏林市繁华地段。

②背景要求

为使柏林重回世界城市中心的地位，重建波茨

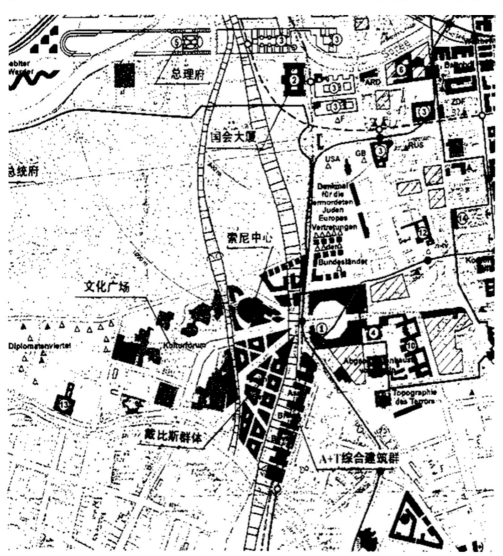

图4-9 波茨坦广场平面图

坦广场，德国政府采取全球化运作的建设形式和营销方式，引入跨国企业和大财团进行投资和运作，全球知名的规划师和建筑师参与设计，广场的建设需融入欧洲传统文化和全球化元素。

（3）设计实施

①区域规划

波茨坦广场先总体规划再分块开发建筑，主要分为三大部分：一是由奔驰公司投资建设的戴姆勒—奔驰公司建筑群（戴比斯群体）；二是索尼公司旗下的索尼中心；三是ABB公司名下的A+T综合建筑群。这三大部分在功能和设计上均各具特色。

②风格特点

戴比斯群体：设计师罗伦佐·皮亚诺（Renzo Piano）负责这一区域的总体构想，延续了自西南至东北向的原波茨坦大街的尺度与肌理，使新老步行街两侧的地块形成有机联系。

索尼中心：赫尔穆特·扬（Helmut Jahn）负责规划。建筑群紧凑鲜明，富于现代感和技术感。其中纯净透明的玻璃立面和"飘浮"在内部广场上的"富士山屋顶"成为波茨坦广场独特的标志。

A+T综合建筑群：乔治·格拉西（Giorgio Grassi）担任主要设计者，该区域建筑体量除了街角的水滴形办公楼高一些外，其余大多建筑都形象统一，色彩一致，均衡划一，充分体现了对德国建筑传统的尊重。

③设计特色

波茨坦广场的设计展现了现代化的设计风格，集科技、艺术、环保于一身，如红砖外墙的克尔霍夫大楼内有欧洲最快的电梯；索尼中心带皱褶的篷式顶盖；建筑群中所运用的现代化设施；由罗伦佐·皮亚诺设计的22层高的德比斯大楼，其正厅内设置的机械雕塑"Meta-Maxi"；波茨坦广场的雨水循环利用系统等无不彰显了波茨坦广场的现代化水平。

（图4-10至图4-13）

图4-10 波茨坦广场景观

图4-11 波茨坦广场建筑风貌

图4-12 波茨坦广场索尼中心"飘浮"的顶棚俯视效果

图4-13 波茨坦广场索尼中心"飘浮"的顶棚仰视效果

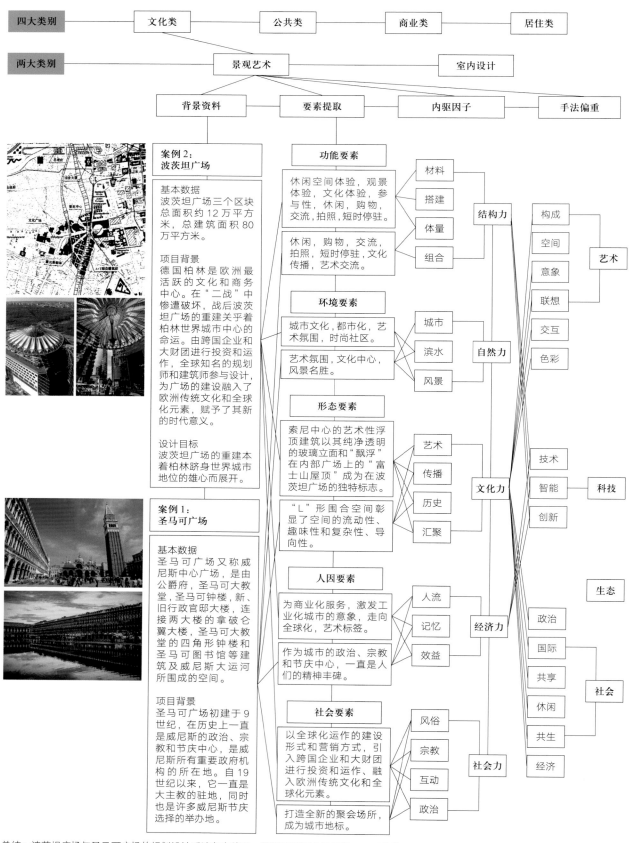

总结：波茨坦广场与圣马可广场的规划设计手法各有偏重，前者偏重于文化重塑，而后者偏重于社会经济。

图 4-14 文化类的景观环境系统化设计案例解码分析表

2. 文化类的室内环境系统化设计案例解码

案例1：法国密特朗国家图书馆设计项目简介

解码：寓意未来的文化性城市空间结点

关键词：隐喻、地标性、生态、情怀

作者：多米尼克·佩罗

完成时间：1997年

（1）设计立项

法国密特朗国家图书馆是为了满足人们的生活需求而建立的；以更新图书馆系统、完善功能需求、焕发市区活力为设计目标；主要设计功能是要成为城市的门户空间，能反映城市文化生活水准的综合性空间设施，进行文化交流，满足读者需要的室内空间环境系统。

图4-15　建筑室内阅览空间组合

（2）要素提取

①地理特征

法国国家国家图书馆新馆即密特朗国家图书馆位于巴黎东南塞纳河边，由法国前总统密特朗决定建造。

②背景要求

密特朗图书馆的魅力不仅在于它巨大的耗资，而且在于它的建筑艺术，高新技术的应用，高度的自动化、数字化进程，尤其是它所表达出的哲学内涵和文化品位更让人流连忘返。

（3）设计实施

①建筑特点

以四座直插云霄、相向而立、形如打开的书本似的钢化玻璃结构大厦为主体，四座大厦之间由一块足有八个足球场大的木地板广场相连，中间有一块苍翠茂盛的树林，具有浓烈的艺术个性和文化品位。

建筑外形具有很强的标志性，这四本打开的"书"就像城市的航标，鲜明地划定了图书馆这块神话般的具有象征意义的馆舍在巴黎的位置。

②室内空间组合

在室内空间组合方面，有许多地方采用了先进透气的钢丝纺织墙，使空气流通。钢化墙壁上反射出的冷色又似乎在与无所不在的本色的木质材料和深红色地毯的暖色相互辉映，实现了几种材料上光的协调。（图4-15、图

图4-16　建筑室内组合

4-16)

③生态设计

乘电梯深入阅览区后人们可获得最美好的视野，可以看到整个建筑群内浓密的树林。这片被阅览楼包围着的树林创造了一种最理想的阅读环境。读者听不到树叶摇曳的声音，所有这一切都在强化着这座图书馆建筑最惊人的又一特色，即高度抽象化。

图书馆能看到四种材料：玻璃、金属、木板、红地毯。所有的墙壁或是铝合金，或是玻璃，地面从室外到室内全是木质的，家具也大都是木质的。玻璃及金属材料给人以强烈的现代感，木地板和森林则使人感受到返璞归真的意味。（图4-17至图

图 4-17 建筑与生态理念相结合

图 4-18 室外阅读空间

图 4-19 建筑内浓密的森林景观

4-19）

案例 2：深圳图书馆设计项目简介

解码：寓意未来的文化性城市空间结点

关键词：隐喻、地标性、生态、情怀

作者：矶崎新

完成时间：2006 年

（1）设计立项

为了加强信息参考功能，为深圳的政府决策、经济发展、科技创新、学术研究等活动提供高层次的知识支撑和信息服务，实施深圳建设"图书馆之城"的文化战略，成为全市的图书馆网络中心。

其设计目标与设计功能要求都与法国密特朗国家图书馆一致。

（2）要素提取

①地理特征

深圳图书馆新馆是深圳市政府投资兴建的大型现代文化设施，位于深圳市行政文化中心区内、风景秀美的莲花山前。

②背景要求

深圳图书馆是作为城市最基本的文化设施而建立的。

（3）设计实施

①建筑特点

深圳图书馆造型独特，极富现代建筑感。其特点是运用简单的几何模式营造出结构清晰的系统和高水准的建筑技术。矶崎新将立方体和格子融入现代时尚之中，简洁、粗犷却不显自大，圆拱状的屋顶是主要特点。（图 4-20）

深圳图书馆建筑造型美观、构思精巧，极富现代感。它的落成为深圳这个年轻且充满活力的城市增添了一道独具特色的文化景观。

②室内空间组合

深圳图书馆室内的结构独特，极富视觉艺术美感。建筑模式也从传统模式变为全开放、大开间、无间隔的自由布局。（图 4-21 至图 4-25）

③生态设计

深圳图书馆不仅给人以视觉上的美感，还完善了图书馆的生态设计需求。（图 4-26）

图 4-20　深圳图书馆建筑外观

图 4-21　建筑室内共享空间形态组合

图 4-22　室内功能与阳光互动的合理生态化设计

图 4-23 深圳图书馆建筑外观

图 4-24 现代结构形态

图 4-25 室内环境与建筑内部结构的巧妙融合

图 4-26 有序的室内结构形态与室外生态环境的设计相互交融

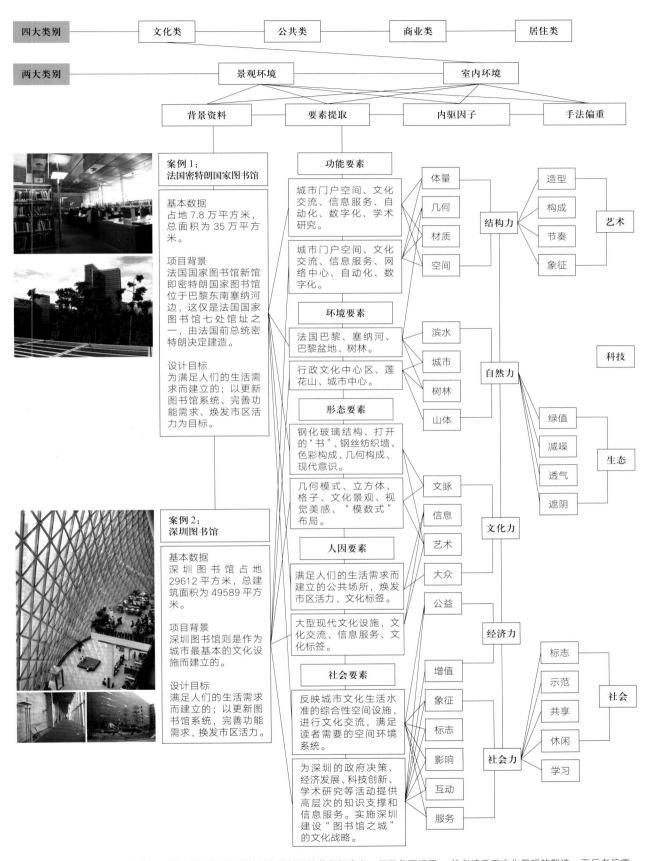

四大类别 —— 文化类 —— 公共类 —— 商业类 —— 居住类

两大类别 —— 景观环境 —— 室内环境

背景资料   要素提取   内驱因子   手法偏重

案例1：法国密特朗国家图书馆

基本数据
占地 7.8 万平方米，总面积为 35 万平方米。

项目背景
法国国家图书馆新馆即密特朗国家图书馆位于巴黎东南塞纳河边，这仅是法国国家图书馆七处馆址之一，由法国前总统密特朗决定建造。

设计目标
为满足人们的生活需求而建立的；以更新图书馆系统、完善功能需求、焕发市区活力为目标。

案例2：深圳图书馆

基本数据
深圳图书馆占地 29612 平方米，总建筑面积为 49589 平方米。

项目背景
深圳图书馆则是作为城市最基本的文化设施而建立的。

设计目标
满足人们的生活需求而建立的；以更新图书馆系统、完善功能需求，换发市区活力。

功能要素

城市门户空间、文化交流、信息服务、自动化、数字化、学术研究。

城市门户空间、文化交流、信息服务、网络中心、自动化、数字化。

环境要素

法国巴黎、塞纳河、巴黎盆地、树林。

行政文化中心区、莲花山、城市中心。

形态要素

钢化玻璃结构、打开的"书"、钢丝纺织墙、色彩构成、几何构成、现代意识。

几何模式、立方体、格子、文化景观、视觉美感、"模数式"布局。

人因要素

满足人们的生活需求而建立的公共场所，焕发市区活力，文化标签。

大型现代文化设施，文化交流、信息服务、文化标签。

社会要素

反映城市文化生活水准的综合性空间设施，进行文化交流，满足读者需要的空间环境系统。

为深圳的政府决策、经济发展、科技创新、学术研究等活动提供高层次的知识支撑和信息服务。实施深圳建设"图书馆之城"的文化战略。

体量 / 几何 / 材质 / 空间 —— 结构力

滨水 / 城市 / 树林 / 山体 —— 自然力

文脉 / 信息 / 艺术 / 大众 / 公益 —— 文化力 · 经济力

增值 / 象征 / 标志 / 影响 / 互动 / 服务 —— 社会力

造型 / 构成 / 节奏 / 象征 —— 艺术

科技

绿值 / 减噪 / 透气 / 遮阴 —— 生态

标志 / 示范 / 共享 / 休闲 / 学习 —— 社会

总结：法国密特朗国家图书馆与深圳图书馆的设计都偏重于设计手法的象征意义，但又各不相同，前者偏重于文化景观的塑造，而后者偏重于信息技术。

图 4-27 文化类的室内环境系统化设计案例解码分析表

3．文化类的空间环境系统化设计案例储存（图4-28）

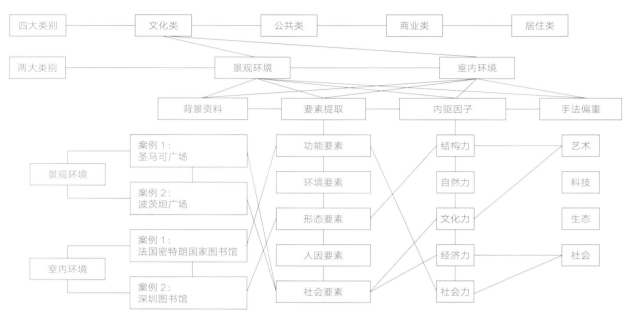

图 4-28 文化类的空间环境系统化设计案例储存分析表

二、公共类空间环境系统化设计案例解码

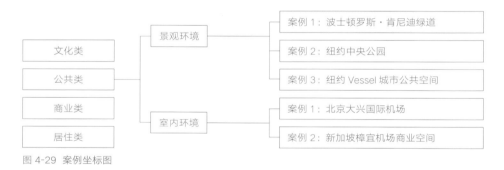

图 4-29 案例坐标图

1.公共类的景观环境系统化设计案例解码

案例 1：波士顿罗斯·肯尼迪绿道设计项目简介

解码：城市历史性保护与更新

关键词：历史文脉、公共绿地、城市肌理

作者：宾夕法利亚大学 Olin 景观设计事务所

（1）项目背景

罗斯·肯尼迪绿道（Rose Kennedy Greenway）属于废弃城市基础设施的改造工程，位于美国马萨诸塞州波士顿中心，该项目的目的是修复城市表面肌理，2007 年拆除了高架桥，在中央干道空地上建成一条贯穿南部码头区和北区尽头的绿色廊道，总面积达12 万平方米、约 2.4 千米长的带状公园和绿地，是"大开挖"（big dig）工程的一部分，成为波士顿城市公共绿地开放空间，成功修复了因滨海公路改造而留下的城市疤痕。在快速城市化进程中，通过规划和设计把高架桥变成城市绿道，延续了当地的历史文脉，赋予其新的生命，它成为波士顿新的城市地标。

（2）设计实施

罗斯·肯尼迪绿道把市中心连接至海滨，由 5 个具有滨水特征和便利设施的城市公园组成。线状的外形轮廓，连通性、空间结构，连接是最主要的特征，绿道是多功能的，完整线性系统的特定空间战略。多重功能的线性开放空间系统包含多样性管理、水资源和土壤保护，自然保护、休闲娱乐、交通运输、文化历史资源保护等诸多功能。将健身、游憩、生态、社会文化、追忆历史长廊包容其中。
（图4-30）

（3）设计评价

绿道的设计规划立足于滨海地区空间独有的地
域特征，建立于周围城市绿地系统的链接，通过绿
道的建设将城市中心一道非常深的伤口缝合起来，
在公共活动与商业活动最密集地段和生态高敏感度
地段建立有机联系，将原本切断的海滨临近区与中
心商业区重新联系起来。

①历史性保护为特征：对历史因素、传统文化
的精髓进行提取。

②连通性景观空间特征：串联5个公园，生态、
形态、文化得到充分展现。（图4-31至图4-37）

③方向性设计特征：明确方向性的视线通廊和
道路成为设计语言中最重要的特征。

图4-31 罗斯·肯尼迪绿道的中国城公园

图4-32 中国城公园休闲交流区

图4-33 杜威广场公园

图4-30 罗斯·肯尼迪绿道规划平面图

图4-34 杜威广场公园的绿色草坪

图 4-35　要塞岬海峡公园里的休息区

图 4-36　码头区公园里的草坪

图 4-37　罗斯·肯尼迪绿道的北端公园

案例 2：纽约中央公园设计项目简介

解码：乡村风格在城市景观中的运用

关键词：绿色空间、乡野、园林

作者：弗雷德里克·奥姆斯特德、卡弗特·沃克斯

完成时间：1873 年

（1）项目背景

纽约中央公园坐落在摩天大楼耸立的曼哈顿正中，占地 843 英亩（约 341 万平方米），是纽约最大的都市公园，也是纽约第一个完全以园林学为设计准则建立的公园。其主题是"绿色市区"，在 34 个方案中脱颖而出。总体上营造了一个既有对比又有统一的景点序列，从而构成一个具有城市乡野气息的供市民休憩的绿色空间。

（2）设计实施

①思想来源

总设计师奥姆斯特德是美国城市美化运动最早的倡导者之一，他受英国田园与乡村风景的影响很深，田园牧歌风格和优美如画风格都为他所用，前者成为他公园设计的基本模式，后者他用来增强大自然的神秘与丰裕，也是他浪漫主义和自然主义风格的思想来源。项目中体现出他对当地地形与自然条件的敏感与留意，而且着重凸显了当地地域的自然风貌。（图 4-38、图 4-39）

图 4-38　纽约中央公园设计反映出设计师受英国田园与乡村风景影响

图 4-39 纽约中央公园与城市天际线

②特色设计

项目也反映出奥姆斯特德高瞻远瞩的设计理念：公园位置优越，不管身处城市何处都不用花很长时间即可到达；他为儿童设计了游戏场地，为残疾人士提供了休憩场所，道路宽敞且有树荫，行走在园道上，城市噪声被隔离或削减。社区以及文化与教育等公共组织发挥重要的作用。（图 4-40 至图 4-43）

（3）设计评价

纽约中央公园的意义在于，自此以后公园已不再是只有少数人才能赏玩的地方，它还是普通民众放松身心的空间，这对现代景观设计产生重要影响。

图 4-40 纽约中央公园疏林草地

图 4-41 纽约中央公园石桥

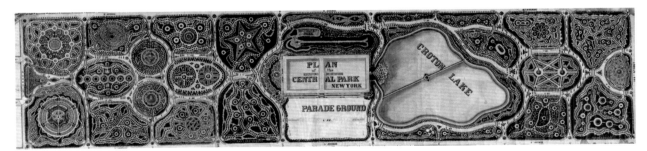

图 4-42 纽约中央公园设计第一版反映出巴洛克主导的皇室宫廷风格

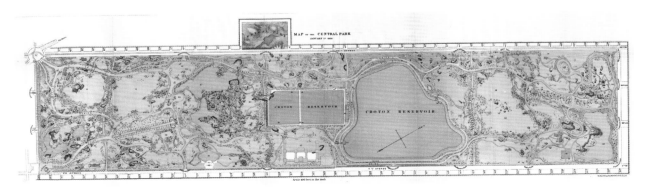

图 4-43 纽约中央公园设计中奥姆斯特德的自然主义引导的乡村风格

案例 3：纽约 Vessel 城市公共空间设计项目简介

解码：交互体验型的城市公共空间

关键词：现代化、公共地标、交互体验

作者：托马斯·赫兹维克

完成时间：2019 年

（1）设计立项

纽约 Vessel 城市公共空间位于哈德逊园区开发项目的主要公共广场上。新的城市公共空间的设计目的是为哈德逊园区设计一个地标性的建筑，不仅能将游客们吸引过来，同时还能在曼哈顿中创造一个全新的聚会场所。（图 4-44、图 4-45）

（2）要素提取

①设计依据

赫兹维克所面临的一部分挑战是如何创造出一个令人难忘、不会被周围大尺度的高层建筑群淹没或是能够适应火车站站台上方的新型公共空间的体量。因此，通过进行多角度、多方位的探索，赫兹

维克首先将本项目限定在一个较小的框架内。

②设计立意

赫兹维克认为它应该是一个令人难忘的单体建筑，而不是一系列分散在整个大空间内的建筑体量；它不应该是一个死板的静态雕塑，而应该是一个充满乐趣的社交场所，从而鼓励人们参与其中，进行各式各样的活动。

（3）设计实施

①建造形态

纽约 Vessel 城市公共空间是一个有 16 层高的圆形攀爬结构，拥有 2465 级台阶和 80 个楼梯平台，俯瞰着哈德逊河和曼哈顿，是一座新型的公共地标。（图 4-46）

②局部造型

楼梯被竖向拉伸，创造出了一个连续的几何图案，为人们提供一个朝向哈德逊河的景观视野。（图 4-47）

图 4-44 纽约 Vessel 城市公共空间设计全貌

图 4-45 纽约 Vessel 城市公共空间设计结构

通过将台阶之间的虚空间打开来创建一个三维的格架，将公共广场在垂直方向上向上拉伸，从而创造出总长超过1英里（约1.6千米）的步行路径，为游客和市民们提供了多种探索途径。为了给这个拥有着154个相互连接的梯段的"台阶井"创造一个连续的几何图案，赫兹维克决定将本项目打造为一个自承重的结构，即不需要额外的柱子和梁，而这就需要一个精准的结构解决方案。最终，赫兹维克通过在每对楼梯之间插入一根钢脊来解决这个问题，同时在"向上"和"向下"的结构之间形成一种自然的区分。该结构所使用的未经处理的焊接钢材直接暴露在大众的视野中，使本项目具有高度的透明性和完整性，此外，楼梯下方的空间采用深铜色调的金属饰面，将本结构与周围的建筑区别开来。（图4-48）

图 4-46 建筑内部空间仰视图

图 4-47 建筑内部楼梯空间

图 4-48 建筑外部楼梯转折

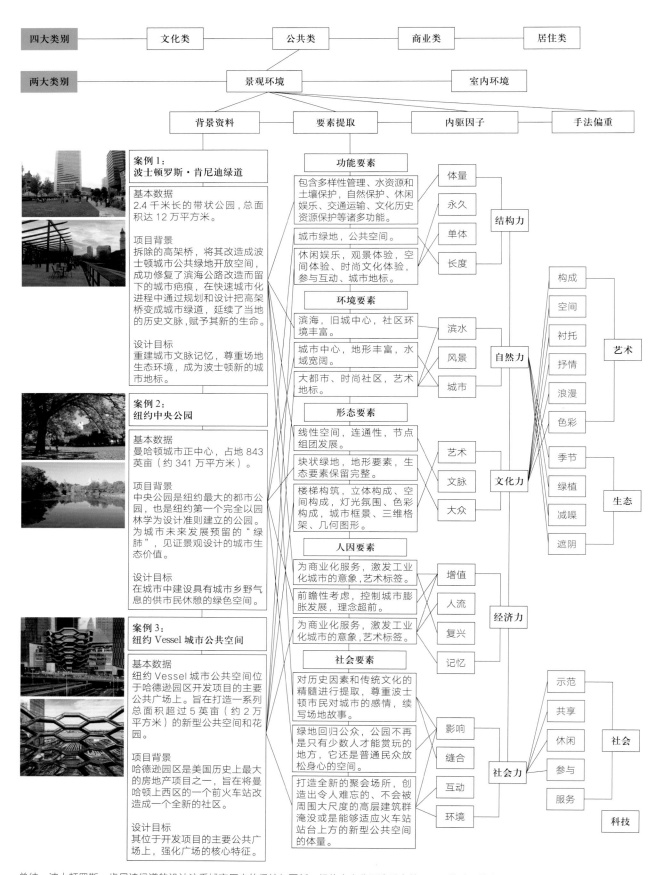

图 4-49　公共类的室内环境系统化设计案例解码分析表

2. 公共类的室内环境系统化设计案例解码

案例1：北京大兴国际机场设计项目简介

解码：系统化的国际机场空间环境

关键词：现代化、国际化、新技术、节能环保

作者：扎哈·哈迪德

完成时间：2019年

（1）设计立项

北京大兴国际机场主体工程占地多在北京境内，已建成四条跑道及一条军民两用跑道（即空军南苑新机场），70万平方米航站楼，客机近机位

图4-50 北京大兴国际机场鸟瞰图

92个，在客流达到4500万人次时，建设第一卫星厅，使航站楼面积达到82万平方米，客机近机位137个，使其满足7200万人次的需求。

（2）要素提取

①地理特征

北京大兴国际机场，是建设在北京市大兴区与河北省廊坊市广阳区之间的超大型国际航空综合交通枢纽。（图4-50）

②设计依据

北京大兴国际机场建设的初衷，是为了缓解北京首都国际机场的压力。2010年后，北京首都国际机场客流量迅速上升，2014年达到8365万人次，居世界第二，航班趋于饱和，新机场的建设已经迫在眉睫。

（3）设计实施

①公共空间

北京大兴国际机场作为全球最大的机场航站楼，其叹为观止的屋盖钢架结构投影面积达到18万平方米，仅用8根C形柱作为支撑，长达100多米的结

图4-51 室内空间采用极具现代化的线条语言

图4-52 C形支撑结构最大限度地为机场提供宽敞的公共空间

构跨度，在为机场提供宽敞的公共空间的同时，还可以最大限度地满足未来配置调整空间的灵活度需求。（图 4-51 至图 4-53）

在空间形态设计上，北京大兴国际机场对中国传统建筑的环绕式空间形态进行了借鉴，航站楼中央的多层中庭空间将大量游客导向相应的出发、到达和换乘区域。航站楼拱形屋顶的流动造型延伸至地面，形

成六个交通指廊。在提供结构支撑的同时还可以将游客导向中心。航站楼正中央，超过 3 万吨的六边形玻璃搭建出了不规则的自由曲面屋顶，线性的天窗网格将外部的自然光引进室内，阳光洒落，在中庭投下 18 万平方米的光斑，整个机场变成大型"光庭"。（图 4-54、图 4-55）

②技术支撑

北京大兴国际机场创造了一系列令人叹为观止的技术成就，航站楼可抵御 12 级台风，"双层出发车道"设计，为缓解轨道运行的震动对于航站楼运行的影响而设计的横间的隔震技术等。

③环保理念

遵守节能环保的设计理念，使其成为国内新的标志性建筑。设计方案中，航站楼高度由 80 米降为 50 米，使功能分区更加合理，便于采取屋顶自然采光和自然通风设计，同时实施照明、空调分时控制，积极采用地热能源、绿色建材等绿色节能技术和现代信息技术。

图 4-53　由钢架结构构成的屋顶呈现出极具现代感的流动造型

图 4-54　机场内的信息指示系统

图 4-55　候机区基础设施体现设计师对于舒适性的考虑

案例2：新加坡樟宜机场商业空间设计项目简介

解码：社区为导向的新型建筑设计

关键词：地标性、生态性、国际化

完成时间：2019年

作者：Safdie建筑事务所

（1）设计立项

以连接既有航站楼为宗旨，该项目将繁忙的商业空间和环境宜人的花园融为一个整体，创造了一个以社区为导向的全新建筑类型。作为樟宜机场的"心与魂"，"星耀樟宜"将文化与休闲设施结合起来，旨在将机场打造为一个充满活力且振奋人心的城市中心，同时进一步呼应新加坡"花园城市"的美誉。（图4-56）

（2）要素提取

①地理特征

"星耀樟宜"坐落于新加坡樟宜机场1号航站楼前方，也是机场的核心位置。开幕后，将连通1号、2号及3号航站楼，访客能从全岛各处到达。

图4-56 新加坡樟宜机场外部空间效果图

图4-57 室内"瀑布"

②设计依据

置身"星耀樟宜"宛如走入奇幻花园，正如建筑师萨夫迪说的："一个繁忙的飞机场最需要的就是一个祥和、安宁，让旅人憩息的世外桃源。"

（3）设计实施

①建造形态

建筑的几何形态基于一个半倒置的圆形屋顶生成，最大跨度为200米。由9000多片玻璃、近18000个钢梁、6000多个铸钢节点构成。支撑结构间隔分布在花园边缘，一体化的结构和立面系统使几乎无柱的内部空间成为可能。

②系统化设计

作为完全向公众开放的项目，"星耀樟宜"的建筑面积达约13.6万平方米，涵盖了机场运营设施、室内花园、休闲景点、零售空间、餐厅、咖啡厅以及酒店设施。

③可持续设计

位于核心地带的"森林谷"是一个阶梯式的室内花园，包含了步道、人工瀑布和安静的休息区，为游客带来多样化的互动式体验。超过200种植物围绕着位于中央的"雨旋涡"——这是全世界最高的室内瀑布（约七层楼高），从建筑拱顶上的圆洞一路倾泻至底部的森林谷花园。瀑布的流量最大可达到10000gal/min，可以起到为景观环境降温的作用，瀑布收集而来的雨水还将在建筑中得到重新利用。（图4-57至图4-62）

采用一系列可持续性的设计，为建筑物里的人和植物取得和谐的温控，让阳光透进花园，在帮助植物生长的同时，仍维持24℃，使人感到舒适。地面铺有冷却水管、制雾器让空气清凉，穹顶采用三重加工的低辐射玻璃片让阳光穿透入室，同时又有隔热功能。此外，玻璃片还装置了能电控伸缩的白色帘幕，在午后为花园遮阴。

图 4-58 "森林谷"

图 4-59 室内"瀑布"夜晚效果

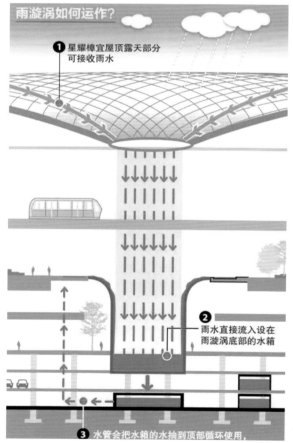

图 4-60 室内"瀑布"可持续设计分析

图 4-61 室内繁盛的绿植 1

图 4-62 室内繁盛的绿植 2

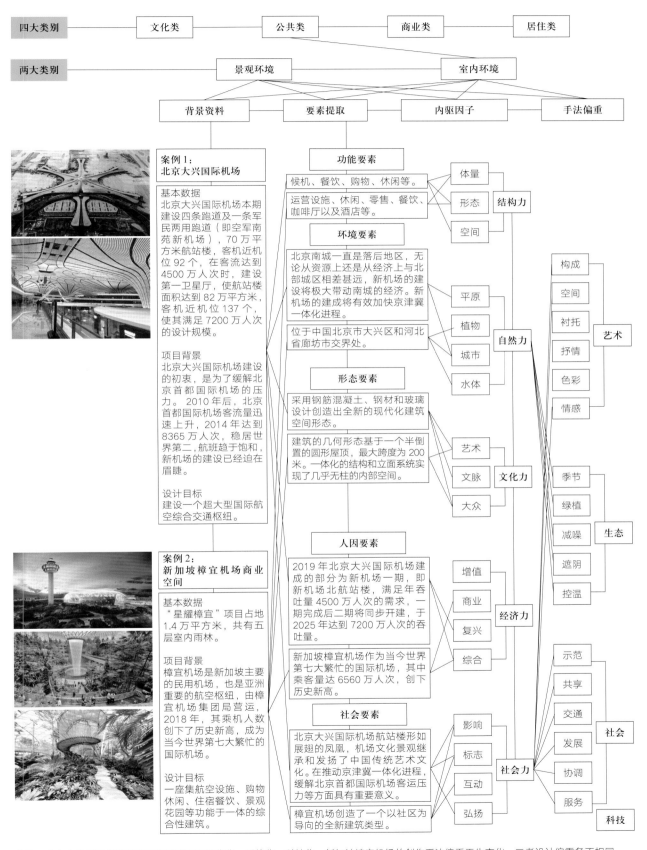

图 4-63 公共类的室内环境系统化设计案例解码分析表

四大类别 ── 文化类 ── 公共类 ── 商业类 ── 居住类

两大类别 ── 景观环境 ── 室内环境

背景资料 · 要素提取 · 内驱因子 · 手法偏重

案例1：
北京大兴国际机场

基本数据
北京大兴国际机场本期建设四条跑道及一条军民两用跑道（即空军南苑新机场），70万平方米航站楼，客机近机位92个，在客流达到4500万人次时，建设第一卫星厅，使航站楼面积达到82万平方米，客机近机位137个，使其满足7200万人次的设计规模。

项目背景
北京大兴国际机场建设的初衷，是为了缓解北京首都国际机场的压力。2010年后，北京首都国际机场客流量迅速上升，2014年达到8365万人次，稳居世界第二，航班趋于饱和，新机场的建设已经迫在眉睫。

设计目标
建设一个超大型国际航空综合交通枢纽。

案例2：
新加坡樟宜机场商业空间

基本数据
"星耀樟宜"项目占地1.4万平方米，共有五层室内雨林。

项目背景
樟宜机场是新加坡主要的民用机场，也是亚洲重要的航空枢纽，由樟宜机场集团局营运，2018年，其乘机人数创下了历史新高，成为当今世界第七大繁忙的国际机场。

设计目标
一座集航空设施、购物休闲、住宿餐饮、景观花园等功能于一体的综合性建筑。

功能要素
候机、餐饮、购物、休闲等。
运营设施、休闲、零售、餐饮、咖啡厅以及酒店等。

体量 · 形态 · 空间 ── **结构力**

环境要素
北京南城一直是落后地区，无论从资源上还是从经济上与北部城区相差甚远，新机场的建设将极大带动南城的经济。新机场的建成将有效加快京津冀一体化进程。
位于中国北京市大兴区和河北省廊坊市交界处。

平原 · 植物 · 城市 · 水体 ── **自然力**

形态要素
采用钢筋混凝土、钢材和玻璃设计创造出全新的现代化建筑空间形态。
建筑的几何形态基于一个半倒置的圆形屋顶，最大跨度为200米。一体化的结构和立面系统实现了几乎无柱的内部空间。

艺术 · 文脉 · 大众 ── **文化力**

构成 · 空间 · 衬托 · 抒情 · 色彩 · 情感 ── **艺术**

季节 · 绿植 · 减噪 · 遮阴 · 控温 ── **生态**

人因要素
2019年北京大兴国际机场建成的部分为新机场一期，即新机场北航站楼，满足年吞吐量4500万人次的需求，一期完成后二期将同步开建，于2025年达到7200万人次的吞吐量。
新加坡樟宜机场作为当今世界第七大繁忙的国际机场，其中乘客量达6560万人次，创下历史新高。

增值 · 商业 · 复兴 · 综合 ── **经济力**

社会要素
北京大兴国际机场航站楼形如展翅的凤凰，机场文化景观继承和发扬了中国传统艺术文化。在推动京津冀一体化进程，缓解北京首都国际机场客运压力等方面具有重要意义。
樟宜机场创造了一个以社区为导向的全新建筑类型。

影响 · 标志 · 互动 · 弘扬 ── **社会力**

示范 · 共享 · 交通 · 发展 · 协调 · 服务 ── **社会**

科技

总结：北京大兴国际机场的创作手法偏重于现代化、系统化、科技化；新加坡樟宜机场的创作手法偏重于生态化，二者设计偏重各不相同。

3. 公共类空间环境系统化设计案例储存 (图4-28)

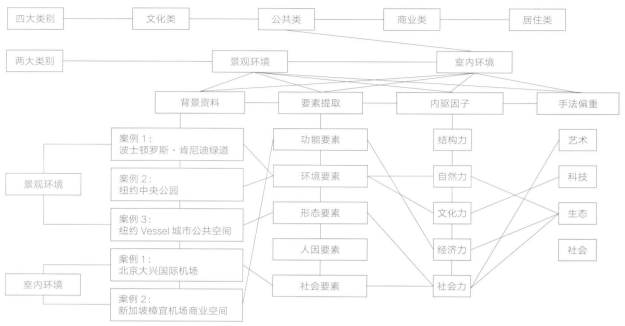

图 4-64 公共类的环境系统化设计案例储存分析表

三、商业类空间环境系统化设计案例解码

图 4-65 案例坐标图

1. 商业类的景观环境系统化设计案例解码

案例1：成都远洋太古里商业空间设计项目简介

解码：地域文化与传统建筑在现代商业中的交织

关键词：隐喻、地标性、生态、情怀

作者：饶雪松

完成时间：2014年

（1）设计立项

本项目位于成都市核心地段，项目发展形成成都乃至中国西部地区的一个新地标，对区域服务和完善城市规划有着极其重要的作用。

以古庙宇大慈寺为心脏，成都远洋太古里拥有丰富的文化历史内容，这让其成为中国最独特、最令人兴奋的城市更新项目及商业发展中心之一。（图4-66、图4-67）

（2）要素提取

①地理特征

本项目位于成都市锦江区大慈寺片区，隶属大慈寺历史文化保护区范围，基地内原始地形平缓，场地平整，建设用地面积57147.8平方米。

②背景要求

现今成都市大慈寺片区的定位和发展格局延续了古代的繁荣和空间个性，特别是商业与文化共融的特质和寺与市共栖的形态，其中注入了现代元素，形成低密度的创意文化商业街区和开放空间。

图 4-66 成都远洋太古里场地鸟瞰图

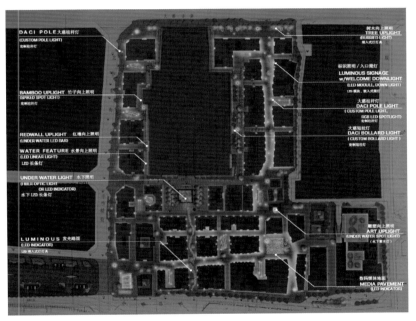

图 4-67 成都远洋太古里场地平面图

图 4-68 夜间热闹非凡的空间氛围

（3）设计实施

①规划设计

基于地方历史文化和城市与建筑特色，包括城市与片区格局、肌理、尺度体量、风格、场所感、文化特质和生活方式。融合时代发展特点，包括四个方面：可持续发展、文化资产、创意时尚生活、多元融合。

保护区规划的尺度和体量的基本原则包括以下三个方面：一是宽窄不一的街巷；二是两层为主、局部三层的退台策略；三是通过广场和庭院空间进一步形成缩放的格局。（图 4-68 至图 7-70）

②建筑设计

片区中建筑设计原则和标准的主体思想是以营造和工艺传统带动的内发性地域创造。地方的建筑形式有很多种不同的类型，但有其代表性的一面。其代表性来自长期结合成都地区气候特征和当地人的生活习惯。比如，成都地区的民居院落尺度比北方小，比南方大，常用尺度（天井尺寸）约为 20×10 米；坡屋顶和深出檐，造型轻盈飘逸，以保持自然通风良好，屋顶为灰瓦，屋顶坡度四分水；富有地方传统韵味，是当代的建筑群实现并维系于色彩、建材、工法工艺建构、营建体系和装饰。营建体系为钢结构，虽没有遵循穿斗结构，但是通过竖向与立面结构的结合和横向的窗体或次结构来表达。（图 4-71 至图 7-73）

图 4-69 成都远洋太古里宽窄不一的街巷

图 4-70 成都远洋太古里建筑二层商业空间

图 4-71 成都远洋太古里传统建筑与商业结合的购物空间

图 4-72 成都远洋太古里街区文化与时尚的多元融合

图 4-73 成都远洋太古里购物广场和庭院空间的相互融合

案例 2：英国维多利亚之门设计项目简介

解码：旧建筑的元素进行现代化的再诠释

关键词：人文、艺术、情节

作者：ACME

完成时间：2016 年

（1）项目概况

维多利亚之门位于利兹市中心的东部，形成了维多利亚地区和利兹零售区的自然延伸。该方案包括一个新的 Joho Lewis 百货商场、多层停车楼及两座拱廊型的综合体，里面有各种商店、餐厅和休闲设施。

（2）场地背景

在英国，除了伦敦以外，利兹市是拥有英国一级保护建筑最多的城市。以英国的标准，利兹市是一个很年轻的城市，200 年前不过是一个小村落，工业革命后开始爆炸性地增长，一跃而成英国知名的城镇。在熬过工业式微所带来的衰退和重建后，现在的利兹市是英国的第三大城市。市中心的建筑几乎尽是维多利亚时代的红砖云石和拱廊。在以冬季寒冷而著称的英国，拱廊这种室内商业街的建筑形式曾在维多利亚时代风靡一时。

（3）设计实施

①规划设计

双拱廊街位于整个场地最西侧，与 John Lewis 百货商场相邻，建筑面积 2.6 万平方米。建筑一、二层为拱廊购物街，三、四层则为赌场。之所以被称作拱廊街，是因为其建筑延续了典型的维多利亚时代的拱廊风格。两条弧形室内拱廊位于建筑中央，相交于建筑东西两端。拱廊的天花由环环相扣的白色钢筋网格和玻璃构成，其戏剧化的形态宛如山脊和山谷，既呼应了相邻的维多利亚时代的拱廊屋顶，也回应了 John Lewis 百货商场立面的斜格结构。在两条拱廊东侧交汇处，拱廊的玻璃天花向 John Lewis 百货商场延伸过去，由此形成了一个高达 22 米的通透的公共空间。（图 4-74 至图 4-76）

图 4-74 英国维多利亚之门百货商场夜景

图 4-75 英国维多利亚之门停车楼

图 4-76 停车楼外部空间

②外观设计

双拱廊街的外观为立体褶皱砖墙，在550个预制面板中，总共使用了大约36万块砖。ACME使用3D软件来绘制和放置每一块砖，其中包括了Ketley的定制砖和明暗混合的特殊颜色的砖块。当光线照射在上面时，建筑外观呈现出多重深深浅浅的光影。

③内部空间设计

在双拱廊街室内空间中，所有店铺立面的设计均采用了连续重复的模块化元素，这种连贯、一致性的处理手法，使发轫于维多利亚时期的拱廊街概念得到了现代化的诠释，在保留古典拱廊街特色的同时，也满足了人们的购物需求，为人们带来独特的空间体验。（图4-78至图4-80）

图 4-77 英国维多利亚之门建筑外观

图 4-78 英国维多利亚之门旋转楼梯

图 4-79 弧线形玻璃店面呼应了英国维多利亚时代的风格　图 4-80 英国维多利亚之门公共空间

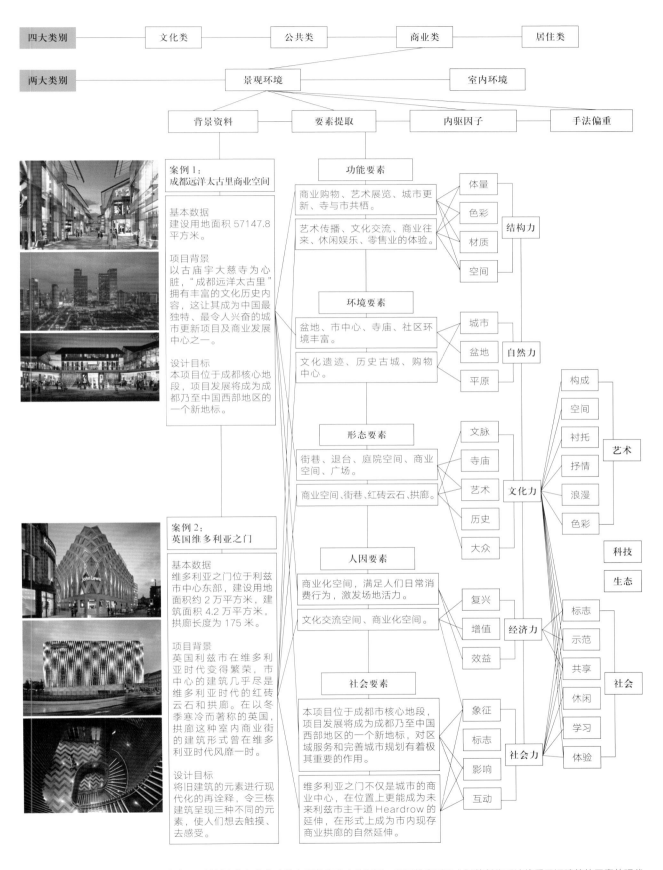

2.商业类的室内环境系统化设计案例

案例1：迪拜阿拉伯塔酒店设计项目简介

解码：奢华梦幻型星级酒店空间的塑造

关键词：奢华、梦幻、技术、星级酒店

作者：汤姆·赖特、周娟

开业时间：1999年

（1）项目概括

阿拉伯塔酒店是一幢位于阿拉伯联合酋长国迪拜的豪华酒店，以金碧辉煌、奢华无比著称，因外形酷似船帆，又称迪拜帆船酒店。阿拉伯塔酒店始建于1994年，1999年12月对外开放，由汤姆·赖特、周娟共同设计，高321米，共56层，建在波斯湾内的人工岛距沙滩岸边280米处，仅由一条弯曲的道路连接陆地。该酒店由卓美亚奢华酒店集团管理，曾获得世界最佳酒店的荣誉。（图4-82）

（2）要素提取

①背景介绍

迪拜是阿联酋第二大城市，位于阿拉伯半岛中部、阿拉伯湾南岸，是海湾地区中心，被誉为海湾的明珠。迪拜因石油而富庶，但是对于一个野心勃勃想在新世纪大展身手的新兴城市来说，石油不是全部。所以，迪拜大力发展旅游业。由于拥有高素质的环境以及丰富多彩的文化，在迪拜王储的提议之下，知名企业家al-maktoum投资兴建了美轮美奂的阿拉伯塔酒店。

②地域文化

阿联酋的官方信仰宗教是伊斯兰教，就连阿联酋的法律和法规也是遵循伊斯兰教的教义所限定，他们遵循宽容原则的伊斯兰教法律，而且把它看得和国家正规法律一样重要。阿拉伯地区作为伊斯兰教的发源地，其以文化辐射的形式结合地区丰富的石油资源特点，把文化与地域特色有机结合起来，使阿拉伯塔酒店成为阿拉伯地区文化与富有的经典品牌。

（3）构成实施

①建筑形态

酒店采用双层膜结构形式，造型非常轻盈流畅，具有强烈的现代主义风格，但同时又与伊斯兰风格巧妙地融合在一起，建筑的材质选择也为酒店的整体外观加分不少，采用简单的几何外形，建筑从上到下，逐渐变化。对称结构的运用使得整体外观给人以庄重大方的感觉。建筑正立面的线条主要有弧线和直线两种，直线稳定，弧线为直线增添趣味。（图4-83）

②公共空间

酒店公共空间的设计巧妙地将沙漠的四大元

图4-83 酒店外观

图4-82 海螺形的酒店服务台

素水、火、土、风作为酒店内饰设计，铺了约2.4万平方米的意大利和巴西大理石，8000多平方米22K的金箔，又用水晶吊灯银织品和丝绒完成了纸醉金迷的表象，塑造了酋长想要的奢华印象，打造出金碧辉煌、举世无双、令人叹为观止的室内空间。（图4-84至图4-88）

③客房设计

虽然酒店规模庞大，但它只有202间套房。最小的套房面积为169平方米，最大套房为780平方米。最有特色的是位于25楼的皇家套房。酒店共有两个皇室套房，一左一右，面积各达780平方米。其内部装饰登峰造极，由内及外无不彰显了皇宫气派，顶级装修，典雅辉煌，摆放着来自世界各地的装饰艺术品。有私家电梯、私家影院、私家餐厅、旋转睡床、阿拉伯式会客室、可选择上中下三段式喷水的淋浴喷头等，一切皆能想到的奢华，应有尽有。（图4-89至图4-92）

图4-84 大堂喷水池1

图4-85 大堂喷水池2

图4-86 酒店大堂中空仰视

图4-87 酒店自助餐厅

图4-88 融入海洋元素的餐厅

图4-89 酒店客房1

图4-90 酒店客房2

图4-91 酒店卫生间

图4-92 酒店接待大厅

案例2：法国巴黎乔治五世四季酒店设计项目简介

解码：欧洲奢华星级酒店设计中的系统化表达

关键词：奢华、贵族文化、星级酒店

作者：乔·希尔曼、勒弗兰奇

开业时间：1928年

（1）项目概括

位于塞纳河畔的巴黎乔治五世四季酒店可谓是巴黎"宫殿级"酒店的翘楚，矗立于法国巴黎乔治五世大道上，像情人般与埃菲尔铁塔相望。它的前身是乔治五世饭店，曾接待过英国女王、美国总统、阿拉伯王储、俄国沙皇等世界首脑。当时耗资3100万美元，这座豪华酒店在当时可谓轰动一时，也是香榭丽舍大道上一处绝妙的风景。约在20世纪20年代由美国建筑师乔尔·希尔曼（Joel Hillman）出资，法国著名建筑师Lefranc与乔治·韦伯（George Wybo）合力打造。开业伊始便因其豪华的风格创造了酒店业的新纪元。

（2）要素提取

①贵族文化

法国是欧洲艺术发展的一个重要区域，而贵族文化在欧洲室内设计艺术又占据着举足轻重的地位。贵族文化的形成是由于资本主义出现而产生的，在欧洲，贵族是开放的、流动的，其文化观念汲取了古典主义、基督教、拜占庭艺术的思想，表现在生活中的礼仪、品位与艺术创作中，与贵族文化相关的建筑、艺术作品都会体现出其追求宏伟和壮丽的气势。

②法式风格

法式风格指的是法兰西国家的建筑和家具风格，主要包括法式巴洛克风格、洛可可风格、新古典主义风格、帝政风格等，是欧洲家具和建筑文化的顶峰。法式建筑风格庄重大方，整个建筑多采用对称造型，恢宏的气势，既对建筑的整体方面有严格的把握，又善于在细节的雕琢上下功夫。

（3）构成实施

①建筑形态

巴黎乔治五世四季酒店虽然不到百年的历史，但它却是巴黎重要的一部分，巴黎人对之有着难以言喻的感情，它也成为巴黎的一幢地标性建筑。建筑突出轴线的对称，形成恢宏的气势，同时在细节上运用了雕花、线条等装饰处理来表现法式风格的精致与高贵。（图4-93）

②公共空间

在酒店的大堂，杰夫·莱瑟姆（Jeff Leatham）用新意的花饰造型为酒店注入了不一样的光彩，他着力加重花饰在空间和视觉上的比重使花变成了自主的存在，突出了法国社会特有的浪漫主义色彩。在材料的选择上，设计师采用瓦、白墙、砌石、通花隔断、地板等，从颜色到机理上都非常符合西方人文的审美要求。（图4-94至图4-97）

③客房设计

酒店最初的设计目的是为来到巴黎的

图4-93 巴黎乔治五世四季酒店外观

图4-94 精美浪漫的酒店大堂

图 4-95 酒店室内风格

图 4-96 宽敞明亮的酒店餐厅

图 4-97 气势恢宏的酒店洽谈区

图 4-98 清新的洛可可风格

图 4-99 温馨浪漫的酒店客房

图 4-100 视野宽广的楼顶花园

图 4-101 舒适柔软的灯具及软装

图 4-102 浪漫的公共空间

长住游客提供一个临时住所，而不像传统酒店那样只针对普通散客，所以酒店设计重在住宅用途，以巴黎私人公寓设计风格为主，并完美结合现代简约与法式传统奢华风格，大面积采光，尽显优雅气质。酒店拥有244间奢华客房，多采用百年古董壁毯和光滑照人的大理石地板来表现装饰艺术的端庄气派。每间客房皆以油画及雕塑进行装饰，使用传统的法国和英国风格的家具。（图4-98至图4-102）

图 4-103 商业类的室内环境系统化设计案例解码分析表

3．商业类的空间环境设计系统化设计案例储存

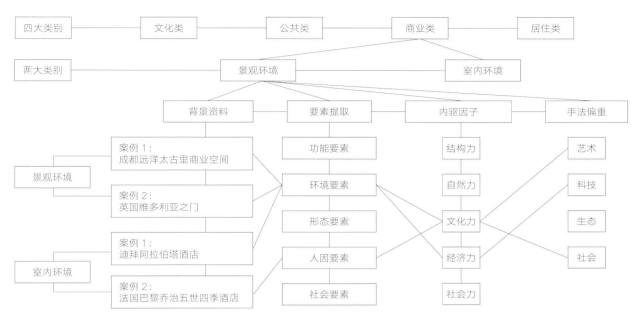

图 4-104　商业类的空间环境系统化设计案例储存分析表

四、居住类空间环境系统化设计案例解码

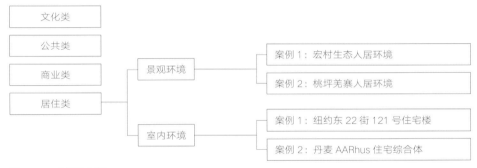

图 4-105　案例坐标图

1.居住类的景观环境系统化设计案例

案例 1：宏村生态人居环境设计项目简介

解码：乡村聚落中的"生态人居环境"

关键词：人居、生态、文化、情感

完成时间：约为南宋绍兴元年间（2000 年被联合国教科文组织列入了世界文化遗产名录）

（1）项目概括

宏村，古称弘村，位于风景秀丽的黄山西南麓，西南距黟县城 11 千米。西北经过羊栈岭隧道，可直达黄山、太平湖、九华山等风景名胜地。这里是黟县古代赴京通商的必经之路，现已成为黄山脚下驰名中外的明清民居村落旅游景区。宏村占地28 万平方米，古村落面积 19.11 万平方米，现存明清民居 158 幢，保存较完整的有 137 幢。

（2）要素提取

①村落形态

宏村自古被称为"牛形村"，四环青山黛峰、稻田相连，整个村落就像一头牛静卧在青山绿水之中。村间路旁，古树茂盛，群莺飞舞，融湖光山色与层楼叠院为一体，集自然景观和人文景观于一身，步步成景，处处入画，被誉为"中国画里的乡村"。

②历史文化

宏村所在的徽州世称"吴头楚尾"，地处楚文化与江南吴越文化的交界处。在这一南北约 125 千

米，东西约200千米的广袤地域里，秦汉之际就有少数民族百越族居住，由于汉人的不断迁入，促进了越人的汉化。从中原迁徙而来的多是北方望族，其深厚的传统文化背景及士族门庭观念影响并侵蚀着当地风俗。

（3）构成实施

①村落规划

整个村落以正街为中心轴线，以月沼为村中心，全村的街巷由东西方向的三条横轴线、南北方向的五条纵轴线交错而成，形成村中主干。后街、宏村街、湖滨北路是三条横轴线，而局部又形成很多小巷、规矩中包含变化，而五条纵轴路巷和多条小巷都是顺着北高南低的地势而建，洪水发生时，水流皆顺着南北方向的路巷排入南湖和西溪。（图4-106）

②空间构成

宏村整个村落巷弄、庭院、天井、建筑与自然完美融合，各幢民居由于受内部结构和地基的限制，外墙并非笔直整齐，而是凹凸进出曲直变化的。

宏村民居是典型传统的徽派建筑，砖墙围护具有封闭性，而庭院却是半开放地带，它成了从大门到室内，由公共空间到私密空间过渡到灰空间。而"天井"也是徽派建筑中一个重要的组成部分。徽州民居由一个天井构成的室内空间来满足采光、通风和排水之用，再由另一个室外庭院提供户外活动的场所，使民居的内外空间形成完美互动。

从建筑立面来看，一幢幢单起、叠落又升起的马头墙成为当地民居独特的建筑风格。马头墙的造型、色彩以及细部装饰特征不仅为宏村民居增添了建筑美，也增添了几分朴实自然的美，它具有满足视觉上的审美功能。同时，在材料和构件上也可发掘出美，青瓦覆盖在顶上可防日晒雨淋，白色的抹墙既可反射日光又可防水防潮保护墙体木质结构。此外，马头墙的突起隔离结构，又达到了防火的功能。

宏村民居建筑的立面具有韵律美、节奏美，并且与人、环境和谐相融。（图4-107至图4-113）

图 4-106 宏村平面图

图 4-107 村落入口

图 4-108 月沼之水

图 4-110 宏村整体模型

图 4-109 巷弄街道水渠形式

图 4-111 月沼一景

图 4-112 门饰局部

图 4-113 宏村——一个与自然和谐相处的人居环境

案例 2：桃坪羌寨人居环境设计项目简介

解码：乡村聚落中的"生态人居环境"

关键词：人居、生态、文化、民族

完成时间：始建于公元前 111 年

（1）项目概括

桃坪羌寨是我国羌族建筑群落的典型代表，位于四川理县杂谷脑河畔桃坪乡，距离县城区 40 千米，距汶川城区 16 千米，是世界上保存最完整的且尚有人居住的碉楼与民居融为一体的建筑群，是国际级的重点文物保护单位。(图 4-114)

（2）要素提取

①村落形态

桃坪羌寨有完善的地下水网、四通八达的道路以及碉楼合一的建筑形式，三者相结合呈现出一种迷宫式的建筑艺术，被中外学者誉为"神秘的东方古堡"。为了抵御外来民族入侵和本民族之间的械斗，羌族建筑逐渐形成了防御型、堡垒型的形式，有完善的村落系统和独具特色的建筑形式。(图 4-115)

②民族文化

羌族是我国 56 个民族中的一员，是一支古老又独具特色的少数民族，在漫长的历史演变和民族交融中，四川省岷江流域山谷地区的众多羌族村落保留了最丰富的古老习俗，桃坪羌寨就是其中最杰出的代表之一。保存较完好的碉堡式建筑和羌寨传统的碉堡式格局及居住生活的特色风貌，使此地既具有很高的历史文化价值，又具有浓郁的民族文化为特色及很高的风景游览价值。

（3）构成实施

①村落规划

由于抵御外敌的需要，整个村寨建立在地形较险要的地方，一反传统古城设东南西北四门的建筑形式，以古堡为中心筑成了放射状的 8 个出口，出口连着甬道构成严格的路网系统，与堡垒型密集的石室建筑相结合，本寨人进退自如，而外来人则如入迷宫。

②建筑特色

桃坪羌寨是一个石碉和民居合二为一的建筑群，片石与黄泥砌成的墙体使寨内建筑即便历经无数的地震灾害依旧完好无损。一些建筑之间形成的巷道之上也会搭建建筑，因而形成无数的暗道，人走在里面很容易迷失方向，就像步入迷宫一样。这些建筑在建造的过程中不经过绘图、吊线与测算，只是靠人工信手砌成，却结构均匀，棱角突兀，雄伟坚固，精

图 4-114 浓郁的民族文化特色

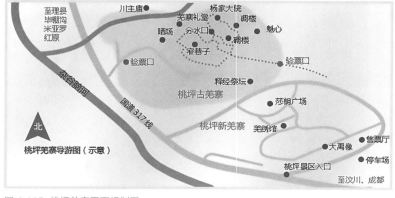

图 4-115 桃坪羌寨平面规划图

巧别致，令人叹为观止。（图4-116至图4-119）

在材料的使用上，羌族建筑就地取材，主要利用附近山上的土、石头等资源进行砌筑。

③文化延续

羌族这个民族历史非常悠久，而历史文化具有时间性，从形成开始，直通未来。当下的桃坪景区是羌文化的集中展示区，由桃坪羌寨、入达羌寨、佳山羌寨、木卡羌寨以及规划成形成的裕丰岩羌寨五个主要景点组成，裕丰岩羌寨承担旅游功能，而桃坪羌寨是一个历史时期的反映，它主要反映21世纪这个新的历史时期羌民族文化的特点，因此在景区规划上，以时间为线索，以叙事性为主要造景手法，从景观序列上，应为入达羌寨、佳山羌寨、木卡羌债再到桃坪羌寨，从而体现羌族历史文化的延续性。

图 4-116 碉楼与石室建筑相结合

图 4-117 雄伟坚固的碉楼

图 4-118 桃坪羌寨

图 4-119 结构均匀的石头砌筑

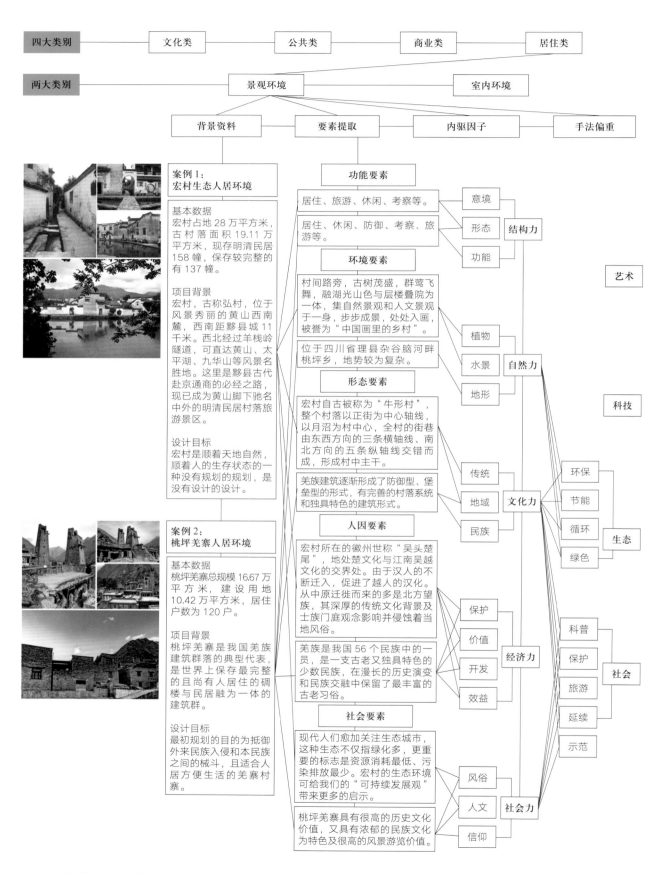

| 四大类别 | 文化类 | 公共类 | 商业类 | 居住类 |

两大类别　　景观环境　　　室内环境

背景资料　　要素提取　　内驱因子　　手法偏重

案例 1：宏村生态人居环境

基本数据
宏村占地 28 万平方米，古村落面积 19.11 万平方米，现存明清民居 158 幢，保存较完整的有 137 幢。

项目背景
宏村，古称弘村，位于风景秀丽的黄山西南麓，西南距黟县城 11 千米。西北经过羊栈岭隧道，可直达黄山、太平湖、九华山等风景名胜地。这里是黟县古代赴京通商的必经之路，现已成为黄山脚下驰名中外的明清民居村落旅游景区。

设计目标
宏村是顺着天地自然，顺着人的生存状态的一种没有规划的规划，是没有设计的设计。

案例 2：桃坪羌寨人居环境

基本数据
桃坪羌寨总规模 16.67 万平方米，建设用地 10.42 万平方米，居住户数为 120 户。

项目背景
桃坪羌寨是我国羌族建筑群落的典型代表，是世界上保存最完整的且尚有人居住的碉楼与民居融为一体的建筑群。

设计目标
最初规划的目的为抵御外来民族入侵和本民族之间的械斗，且适合人居方便生活的羌寨村寨。

功能要素

居住、旅游、休闲、考察等。

居住、休闲、防御、考察、旅游等。

环境要素

村间路旁，古树茂盛，群莺飞舞，融湖光山色与层楼叠院为一体，集自然景观和人文景观于一身，步步成景，处处入画，被誉为"中国画里的乡村"。

位于四川省理县杂谷脑河畔桃坪乡，地势较为复杂。

形态要素

宏村自古被称为"牛形村"，整个村落以正街为中心轴线，以月沼为村中心，全村的街巷由东西方向的三条横轴线、南北方向的五条纵轴线交错而成，形成村中主干。

羌族建筑逐渐形成了防御型、堡垒型的形式，有完善的村落系统和独具特色的建筑形式。

人因要素

宏村所在的徽州世称"吴头楚尾"，地处楚文化与江南吴越文化的交界处。由于汉人的不断迁入，促进了越人的汉化。从中原迁徙而来的多是北方望族，其深厚的传统文化背景及士族门庭观念影响并侵蚀着当地风俗。

羌族是我国 56 个民族中的一员，是一支古老又独具特色的少数民族，在漫长的历史演变和民族交融中保留了最丰富的古老习俗。

社会要素

现代人们愈加关注生态城市，这种生态不仅指绿化多，更重要的标志是资源消耗最低、污染排放最少。宏村的生态环境可给我们的"可持续发展观"带来更多的启示。

桃坪羌寨具有很高的历史文化价值，又具有浓郁的民族文化为特色及很高的风景游览价值。

意境　形态　功能　——　结构力

植物　水景　地形　——　自然力

传统　地域　民族　——　文化力

保护　价值　开发　效益　——　经济力

风俗　人文　信仰　——　社会力

艺术

科技

环保　节能　循环　绿色　——　生态

科普　保护　旅游　延续　示范　——　社会

总结：宏村与桃坪羌寨的规划设计手法各有偏重，前者偏重于生态，而后者偏重社会效应。

图 4-120 居住类的景观环境系统化设计案例解码分析表

2. 居住类的室内环境系统化设计案例

案例1：纽约东22街121号住宅楼设计项目简介

解码：回应和利用城市的能量与场地的城市环境的双重性塑造

关键词：居住、几何、理想、综合体住宅

作者：雷姆·库哈斯

完成时间：2019年

（1）项目概括

东22街121号项目的所在地是19世纪建成的格莱姆西区，被纽约最迷人的绿色景观花园围绕。东22街121号坐落在两个居民区的路口，玻璃棱角的立面意在反映一种两元性，在大楼的不同位置将人的视线引向天空或者街道。

（2）要素提取

①设计区位

东22街121号地处全美风险投资最集中的科技中心曼哈顿"硅谷"，同时毗邻全球顶级商务中心曼哈顿中城，步行可至麦迪逊广场花园和联合广场，远眺可见帝国大厦和克莱斯勒大厦。交通极其便利，步行一个街区就是可以直达大都会博物馆和纽约市政府的6号地铁站。而相邻的熨斗区则充满都市生活气息，格莱姆西公园与周边熨斗区连成一体，复古静谧与时尚都市交汇，近年成为纽约大学学生群体、年轻白领和高净值专业人士热衷的居住区。

②历史背景

格莱姆西公园是曼哈顿唯一的私人公园，自1831年创建以来吸引了大量社会名流聚居于此，包括诺贝尔文学奖的获得者约翰·斯坦贝克、发明家爱迪生、美国前总统罗斯福、影星朱莉娅·罗伯茨，以及克林顿夫妇的女儿切尔西，等等。

（3）设计实施

①形态特征

东22街121号由两座住宅塔楼组成——北塔和南塔，这些塔楼呈L形。在列克星敦小镇和东23街的拐角处，北塔体现了两个立面的双重性，最终形成了一个雕塑般的菱形角落。扭曲角落的一部分是可以通过不同的角度反映不同环境的不同部分并创建不同社区的拼贴画。同样，南塔的三维特征由起伏的网格表

达。该塔采用黑色预制混凝土板，喷砂外缘和酸蚀褶皱，使褶皱更光滑。两座住宅楼塔围成了一个名为"山谷"的园景庭院，并通过庭院来进行链接。（图4-121至图4-123）

图4-121 纽约东22街121号住宅楼外立面

图4-122 公寓中庭花园

图4-123 公寓宽敞的过道

②户型设计

东22街121号的整个住宅面积为25584平方米，拥有134个单位，从一居室公寓到五居室公寓。室内采用"高一低"的设计方式，基础设施位于较低的楼层，包括游泳池、健身房、休息室、车库、餐厅、儿童房和放映室。

③住宅空间

东22街121号住宅楼与曼哈顿各种冲破天际的高层豪华公寓不同，这幢建筑保持了住宅的近人尺度，南北两座，共有18层。建筑体块和外墙造型让人惊艳，室内空间秉承一致的设计感，内装则展示低调奢华的生活态度。楼内每个单元都配备超大落地窗，层顶高达9~11英尺（2.7~3.4米）。楼内最有特色之处是中庭花园，南北双楼可以共享这个宁静庭院，而且每户阳台都采取了折线的变化，一方面避免互视问题，另一方面也充满了视觉上的趣味性。（图4-124至图4-127）

图 4-124 住户可以享受到天空和街道的景色

图 4-125 公寓住户阳台

图 4-126 公寓室内空间

图 4-127 公寓卫生间

案例2：丹麦AARhus住宅综合体设计项目简介

解码：现代住宅综合体的空间塑造

关键词：住宅、综合、多功能

作者：BIG设计事务所

完成时间：2019年

（1）项目概括

AARhus住宅综合体是BIG设计事务所位于丹麦第二大城市奥胡斯港口第7区的设计作品，建筑面积2.65万平方米，建筑共有20层，高65米。

（2）要素提取

①设计区位

奥胡斯（Aarhus）又译奥尔胡斯，是丹麦的第二大城市和主要港口，它位于日德兰半岛沿岸，也是奥胡斯郡的郡治所在。

②地理特征

其位置在海湾与港口、城市与自然之间，位于Ø4人造岛的端点，三面环海因而享有独特的位置，在海湾与港口、城市与自然之间，因而享有独特的双重景观。

（3）设计实施

①建筑形态

建筑的形状像两个金字塔，独特的造型设计反映出BIG设计事务所一贯的创新设计理念。BIG设计事务所的设计方案将奥胡斯既有城市体块中

图4-128 时尚家居与装饰画搭配

图4-129 视野开阔的观景阳台

图4-130 欣赏海景、感受城市的双重景观

图4-131 住宅单元入口

最主要的建筑类型融合在一起，最终形成一个兼具了庭院建筑、联排住宅和塔楼特征的项目。基于人造岛的场地限制，综合体的建筑外围结构有 4 个不同高度的顶点，通过切割和抽出的方法，使内部区域变成了中央庭院。外部空间呈阶梯形向两边延伸，阶梯式的造型设计不仅是出于建筑美学考虑，还确保了让住户更好地欣赏到壮丽的海景和感受城市的美好。中央庭院作为 AARhus 的绿色中心，为居民们提供了可以种植蔬菜和果树的共享花园，需要时还可以作为举办社区露天宴会的场地使用。双层住宅和沿海商业空间位于底层的外围，为附近的街道景观赋予了活跃的氛围，在街道层，建筑为私人的沿海休闲区以及商业区提供了一系列独特的功能空间，支持着城市的蓬勃发展。从本质上看，AARhus 项目充分尊重并融入了丹麦第二大城市的建筑环境，同时也为港口和城市的天际线注入了新的活力。

②住宅空间

建筑从二层起是住宅单元，拥有 255 套公寓，面积从 45 平方米 ~300 平方米不等。在公寓的开发中，BIG 设计事务所提出"如果所有人都不同，为什么现代建筑中的公寓都要如此相似"的问题。因此户型的种类丰富，可满足各种家庭规模的使用需求。装饰风格的多样性可满足不同人的审美需求，有 loft 户型以及简约户型等。在室内设计上大多采用混凝土墙面和天花板，加上装饰画的点缀，再搭配时尚家居，更具现代感。为了实现室内空间的通透性，公寓内每个户型均享有优越的采光，且都能欣赏到海面、港口和城市的壮丽景象。所有外层住宅都可以直接进入顶层阳台，享受温暖阳光和徐徐海风。连续的阳台环绕在建筑外沿，作为抬升的户外空间的延伸。朝向内部庭院的阳台较小，但不妨碍为每个居住单元提供户外空间。（图 4-128 至图 4-134 ）

图 4-132　loft 户型

图 4-133　时尚气息浓厚的住宅空间

图 4-134　建筑鸟瞰图

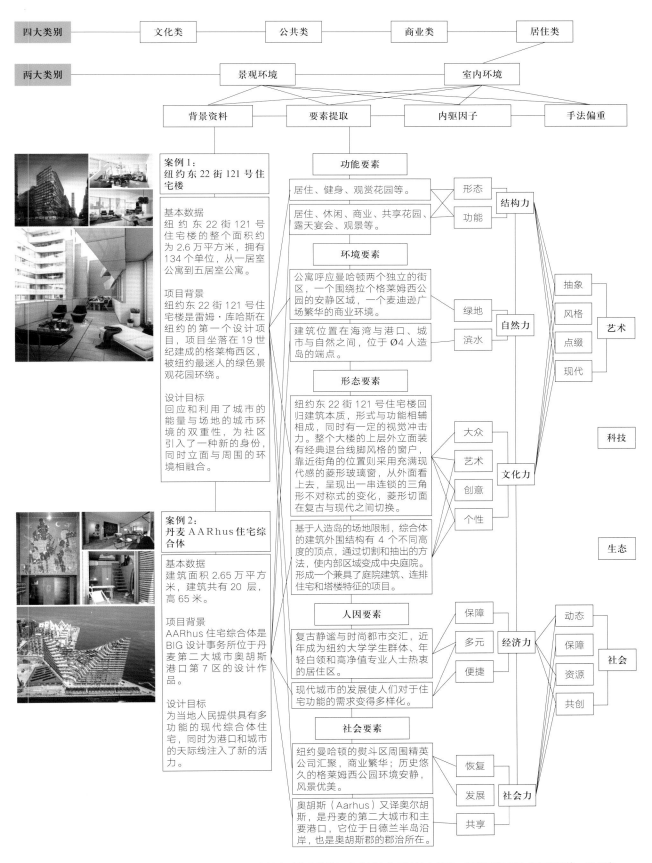

四大类别 —— 文化类　公共类　商业类　居住类

两大类别 —— 景观环境　室内环境

背景资料　要素提取　内驱因子　手法偏重

案例1：
纽约东22街121号住宅楼

基本数据
纽约东22街121号住宅楼的整个面积约为2.6万平方米，拥有134个单位，从一居室公寓到五居室公寓。

项目背景
纽约东22街121号住宅楼是雷姆·库哈斯在纽约的第一个设计项目，项目坐落在19世纪建成的格莱梅西区，被纽约最迷人的绿色景观花园环绕。

设计目标
回应和利用了城市的能量与场地的城市环境的双重性，为社区引入了一种新的身份，同时立面与周围的环境相融合。

案例2：
丹麦AARhus住宅综合体

基本数据
建筑面积2.65万平方米，建筑共有20层，高65米。

项目背景
AARhus住宅综合体是BIG设计事务所位于丹麦第二大城市奥胡斯港口第7区的设计作品。

设计目标
为当地人民提供具有多功能的现代综合体住宅，同时为港口和城市的天际线注入了新的活力。

功能要素
居住、健身、观赏花园等。
居住、休闲、商业、共享花园、露天宴会、观景等。

形态　功能　结构力

环境要素
公寓呼应曼哈顿两个独立的街区，一个围绕拉个格莱姆西公园的安静区域，一个麦迪逊广场繁华的商业环境。
建筑位置在海湾与港口、城市与自然之间，位于Ø4人造岛的端点。

绿地　滨水　自然力

形态要素
纽约东22街121号住宅楼回归建筑本质，形式与功能相辅相成，同时有一定的视觉冲击力。整个大楼的上层外立面装有经典退台线脚风格的窗户，靠近街角的位置则采用充满现代感的菱形玻璃窗，从外面看上去，呈现出一串连锁的三角形不对称式的变化，菱形切面在复古与现代之间切换。
基于人造岛的场地限制，综合体的建筑外围结构有4个不同高度的顶点，通过切割和抽出的方法，使内部区域变成中央庭院。形成一个兼具了庭院建筑、连排住宅和塔楼特征的项目。

大众　艺术　创意　个性　文化力

人因要素
复古静谧与时尚都市交汇，近年成为纽约大学学生群体、年轻白领和高净值专业人士热衷的居住区。
现代城市的发展使人们对于住宅功能的需求变得多样化。

保障　多元　便捷　经济力

社会要素
纽约曼哈顿的熨斗区周围精英公司汇聚，商业繁华；历史悠久的格莱姆西公园环境安静，风景优美。
奥胡斯（Aarhus）又译奥尔胡斯，是丹麦的第二大城市和主要港口，它位于日德兰半岛沿岸，也是奥胡斯郡的郡治所在。

恢复　发展　共享　社会力

抽象　风格　点缀　现代　艺术

科技

动态　保障　资源　共创　社会

生态

总结：纽约东22街121号住宅楼是一栋住宅综合体，在创作时社会效益与艺术创造的手法均有偏重，其着重考虑社会文化环境，而丹麦AARhus住宅综合体更注重其结构造型。

图4-135 居住类的室内环境系统化设计案例解码分析表

3．居住类的空间环境系统化设计案例储存

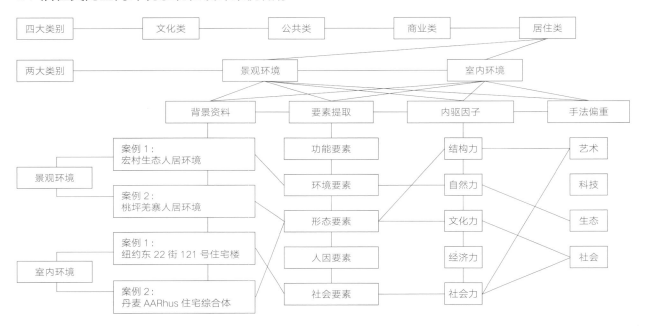

图 4-136　居住类的空间环境设计系统化设计案例储存分析表

▪ 教学引导 ▪

▪ 教学目标

通过本章的教学，对不同空间类型的典型案例的设计创意、设计目标、设计表达等进行深入的系统剖析、梳理和引导，使学生真切体验到，空间环境系统化设计中理论与实践的互动相融。通过对系统的、各具特点的案例的剖析，让学生领会到，系统化案例解码不仅是一种手段，更是一种认识和理解空间环境艺术的创新思维方式，有利于培养和提高学生的洞察能力、表现能力、分析思辨等综合能力。

▪ 教学手段

本章通过多媒体教学的方式，对设计案例进行系统化的解码教学。引导学生熟悉空间环境设计中案例解码的方法和步骤。然后针对每个案例类型，要求学生在案例库中提取最相似设计实例，对其进行系统化的解码练习，提升他们的认知能力。

▪ 重点

灵活地掌握系统化案例解码的方法和流程，培养系统化的设计意识和实务能力。

▪ 能力培养

通过本章的学习，增强学生学习与认知的自信心，逐渐培养学生的思辨和领悟能力，从而进一步培养学生的设计洞察能力、创意表现能力、分析与应用能力。

▪ 作业内容

对应案例解码的类型，提取相似设计实例，通过上网查阅资料和分组讨论等方式，寻求异同，有效梳理，进行系统化的解码与课题设计练习。

参考文献及网站

1. 陈禹，钟佳桂．系统科学与方法概论 [M]．北京：中国人民大学出版社，2006

2. [美] 伦纳德·R. 贝奇曼．整合建筑：建筑学的系统要素 [M]．梁多林，译．北京：机械工业出版社，2005

3. 吴翔．产品系统设计：产品设计（2）[M]．北京：中国轻工业出版社，2000

4. 郑曙．室内设计思维与方法 [M]．北京：中国建筑工业出版社，2003

5. 孙艳丽．日本京都地铁车站的建筑设计 [J].]．城市轨道交通研究，2007,10(6):74-76.

6. [美] 埃里克·阿诺德，琳达·普奈斯，乔治·津克汗．消费者行为学 [M]．李东进，译．北京：电子工业出版社，2007

7. [英] 理查德·罗杰斯，菲利普·古姆齐德简．小小地球上的城市 [M]．仲德崑，译．北京：中国建筑工业出版社，2004

8. 吴良镛．人居环境科学导论 [M]．北京：中国建筑工业出版社，2001

9. 段进，龚恺，陈晓东，张晓东，彭松，空间研究 1—世界文化遗产西递古村落空间解析 [M]．南京：东南大学出版社，2006

10. [美] 伊迪丝·谢里．建筑策划 [M]．黄慧文，译．北京：中国建筑工业出版社，2006

11. [美] 马克·卡兰．建筑设计空间规划 [M]．隋荷，译．大连：大连理工大学出版社，2004

12. 许亮，董万里．室内环境设计 [M]．重庆：重庆大学出版社，2003

13. 曹昊，张妹．圣马可广场改造设计中"均衡"理念的探索 [J]．现代城市研究，2013(7):43-48

14. 赵力．德国柏林波茨坦广场的城市设计 [J]．时代建筑，2004（3）:118-123

15. 王玮，朱鹏．都市新景观——波士顿罗斯·肯尼迪绿道 [J]．南京艺术学院学报（美术与设计版）2014（04）

16. 筑龙学舍 .http://www.zhulong.com，2020-08-26.

17. 谷德设计网．樟宜机场的"心与魂"：以社区为导向的全新建筑类型 [J/OL]．https://www.goooood.cn/jewel-changi-airport-by-safdie-architects.htm,2019-05-08.

18. 远洋集团．远洋太古里（成都）[J/OL]．https://www.sinooceangroup.com/zh-cn/Product/Detail?id=141f7ea5-9a1f-4c4e-820a-9f11b696d42e.

19. 成都太古里租户设计指导（上）[DB/OL]．http://ishare.iask.sina.com.cn/f/9MPIX9QVg4K.html,2018-04-03.

20. 设计新潮．维多利亚之门，拱廊建筑的 21 世纪延伸 [J/OL]．http://mini.eastday.com/a/180528163334003.html,2018-05-28.

21. 阳光二哥．探秘世界唯一 7 星级豪华酒店 —— 迪拜帆船酒店 [EB/OL]．https://mp.weixin.qq.com/s/ozH-sgxLJSj8iiyIgj905g,2019-03-02.

22. 悦旅生活．法国皇宫级贵族酒店 | 乔治五世巴黎四季酒店．[EB/OL]．https://www.sohu.com/a/248676108_395941,2018-08-18.

23. 雷葳．四川桃坪羌寨建筑风格．[DB/OL]．http://www.huaxia.com/ly/fsmq/dl/2011/01/2246245.html,2011-01-06.

24. 全球奢侈地产．纽约又双叒叕添大作，OMA 美国首个里程碑式住宅综合体建成【全球顶豪动态221】[EB/OL]．https://mp.weixin.qq.com/s/aPmOx9FbVO4__B5QsvGZ0g,2019-06-02.

25. 优投房美国房产投资．住进艺术品不是梦：盘点'建筑界诺奖'大师的纽约住宅新作 [EB/OL]．http://www.sohu.com/a/231606627_611058,2018-05-14.

26. 故事套故事．丹麦 AARhus 住宅综合体 [J/OL]．https://bbs.zhulong.com/101010_group_201801/detail41773691/,2019-08-19.